_____ 님의 소중한 미래를 위해
이 책을 드립니다.

십대를 위한
기후변화 이야기

인류의 삶을 바꾸는 지구온난화

℃

죽음에 이르는 폭염과 대홍수가 다가온다

해수온도와 해수면 상승은 비극이다

공기의 종말인 에어로졸이란 무엇인가

인류를 절망으로 이끄는 사막화, 가뭄, 물 부족

°F

십대를 위한
기후변화 이야기

기후위기 시대의 청소년이 꼭 알아야 할 과학 교양

반기성 지음

메이트북스

메이트북스 우리는 책이 독자를 위한 것임을 잊지 않는다.
우리는 독자의 꿈을 사랑하고,
그 꿈이 실현될 수 있는 도구를 세상에 내놓는다.

십대를 위한 기후변화 이야기

초판 1쇄 발행 2021년 7월 22일 ┃ 초판 6쇄 발행 2023년 11월 1일 ┃ 지은이 반기성
펴낸곳 (주)원앤원콘텐츠그룹 ┃ 펴낸이 강현규·정영훈
책임편집 안정연 ┃ 편집 남수정 ┃ 디자인 최선희
마케팅 김형진·이선미·정채훈 ┃ 경영지원 최항숙
등록번호 제301-2006-001호 ┃ 등록일자 2013년 5월 24일
주소 04607 서울시 중구 다산로 139 랜더스빌딩 5층 ┃ 전화 (02)2234-7117
팩스 (02)2234-1086 ┃ 홈페이지 www.matebooks.co.kr ┃ 이메일 khg0109@hanmail.net
값 15,000원 ┃ ISBN 979-11-6002-342-8 43450

기후변화를 막는 것은 공동의 노력이다.
그것은 공동의 의무라는 것,
그리고 너무 늦지는 않았다는 것을 의미한다.

• 크리스틴 리가르드(유럽 중앙은행 총재) •

지구의 마지막 세대가 될지도 모를
청소년들을 위한 책

지구의 환경을 지켜야 한다면서 사람들을 죽이는 악당들이 있다.

영화 〈킹스맨〉에 나오는 악당은 "기후변화 문제를 해결하기 위해 수많은 방법을 사용했지만 결국 실패했어요. 가만히 생각해보니 이산화탄소를 만드는 인간의 숫자를 줄이면 지구온난화 문제는 해결됩니다"라고 말하며 핸드폰의 유심을 이용해 선택된 일부만 제외하고 대부분의 사람들을 죽이려 한다.

영화 〈어벤져스: 인피니티 워〉에 등장하는 최종 악당 타노스는 "자연파괴를 막기 위해 인간을 포함한 모든 생명체를 절반으로 줄이는 것이 그나마 살아남을 절반을 위한 것이라고 확신합니다"라면서 이를 실행한다. 영화 〈고질라: 킹 오브 몬스터〉에서는 환경

테러리스트들이 거대 괴수들을 지구에 퍼뜨려 인구 수를 조절함으로써 대량 멸종을 막으려 한다.

그런데 놀랍게도 이 영화들에서는 악당들이 환경을 보호하는 환경주의자인데, 반대로 현실에서는 환경을 파괴하는 세력이 '기후악당 Climate villain'이 된다.

부끄럽게도 우리나라는 영국의 NGO(비정부기구)인 '기후행동추적'에 의해 세계 4대 기후악당 국가로 뽑혔다. 우리나라는 온실가스 배출량 세계 7위이고, 1인당 배출량으로는 세계 4위다. 재생에너지발전 비중은 세계 꼴찌이고, 미세먼지 농도는 경제협력개발기구 OECD 국가 중 1위다. 경제력은 세계 10위권으로 부유한 나라인데도 자기 나라만 생각하는 이기적인 얌체국가란다.

이들이 우리나라를 악당국가라고 부르는 또 다른 이유가 있다. 유럽의 기후환경단체들과 평가기관들이 모여 평가한 '2021 기후변화대응지수 CCPI'에서 우리나라는 전체 61개 평가국 중에서 53등으로 최하위권이었다. 이들이 평가한 것은 온실가스 배출, 재생에너지, 에너지 사용, 기후 정책, 이렇게 총 네 가지였다. 온실가스 배출에서는 '매우 미흡', 에너지 사용에서도 '매우 미흡', 재생에너지 부문에서 '미흡'을 받았다. 미흡한 재생에너지발전 비중 외에도 석탄발전소의 신규 건설, 여전한 해외 석탄 투자, 소극적인 2030 온실가스 감축목표 NDC 등이 주요 문제점으로 지적되었다.

산업혁명 이후 불과 200년도 안 된 짧은 기간에 지구의 평균기온이 1.1℃ 이상 상승했다. 이대로 가다간 얼마 지나지 않아 기온이 2℃ 이상 올라가면서 생태계는 돌이킬 수 없는 재앙을 입게 될 것이다. 기후변화에 관한 정부 간 협의체^{IPCC}는 평균 기온이 2℃ 상승하면 생물종의 20~30%가 멸종할 것이라는 전망을 내놓았다. 그렇다면 기온 상승폭을 2℃ 이하로 낮추기 위해서는 과연 어떻게 해야 할까?

마이크로소프트의 창업자인 빌 게이츠^{Bill Gates}는 그의 책 『기후 재앙을 피하는 법』에서 우리가 기억해야 할 숫자가 2개가 있다고 말한다. 하나는 510억이고, 하나는 0이다. 인류가 매년 510억 톤의 온실가스를 대기에 배출하고 있는데 이 양을 0(zero)으로 만들어야 한다는 것이다. 그래야만 인류가 최악의 재앙을 피할 수 있다는 것이다.

지구온난화를 막지 못하면 인류의 종말이 올 가능성도 있다. 2018년 타계한 천체물리학자 스티브 호킹^{Stephen William Hawking} 박사는 "지구온난화로 인간 멸망을 원치 않는다면 100년 안에 지구를 떠나라"라는 유언을 남겼다. 인류가 지구를 떠나서 살아갈 수 있을까? 지구에서 풍요롭게 살아가기 위해선 지구를 지키는 노력이 정말 필요하다.

1992년 노벨평화상을 받은 리고베르타 멘추 툼^{Rigoberta Menchu}은 "미래의 희망은 자연이 우리에게 주는 신호 안에 들어 있습니다. 지진, 허리케인, 재난 등 이 모든 것을 통해 우리는 반성하고 곰곰이 생각해야 합니다. 미래를 위해 생명과 시간과 시대 앞에서 우리 자신을 낮출 줄 알기를 바랍니다"라고 말했고, 반기문 국가기후환경회의 위원장은 "향후 10년은 기후파괴를 막을 마지막 10년이 될 것입니다. 기후변화 해결을 위해 전 세계가 지혜를 모아야 할 때입니다"라고 강조한다.

그러나 많은 어른들과 정치인들은 이들의 이야기에 귀를 기울이지 않는다. 기후변화와 환경보호에 관심이 별로 없고 자기들의 돈벌이에만 관심을 둔다. 이와 달리 세계의 많은 어린 학생들이 제발 기후변화를 막아달라며 길거리로 나섰다. 스웨덴의 16세 소녀 툰베리 Greta Thunberg와 금요일 등교거부운동, 그리고 우리나라의 청소년 기후소송단 등…. 이들은 자기들이 어른이 될 때 제발 극한의 기후재앙 가운데 살지 않게 해달라고 호소한다.

젊은 사람들은 이 청소년들처럼 기후변화 저지와 환경보호에 동참해야 한다. 그렇지 않으면 여러분들이 지구의 마지막 세대가 될 수도 있다.

졸고를 책으로 펴내준 메이트북스와 자료를 찾고 정리해준 이혜지님에게 감사드린다. 지금까지 지켜주시고 힘을 주신 하나님을 경외하며, 기도로 후원해주는 아내 심상미님에게 이 책을 드린다.

반기성

차례

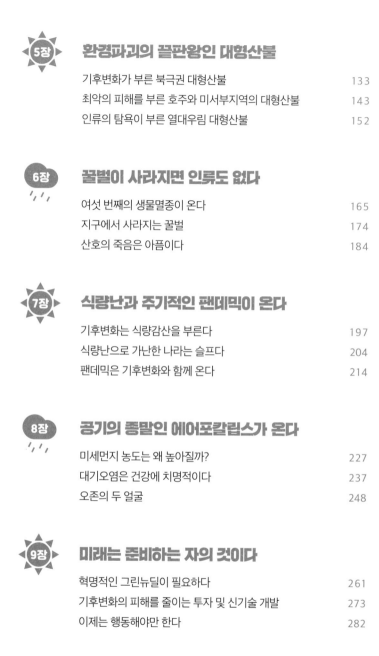

세계기상기구는 2021년 초 <기후과학의 통찰력>이라는 보고서에서 지구온난화가 가속화되고 있다고 발표했다. 이 보고서는 세계기상기구가 공동 후원하는 세계기후 연구 프로그램, 미래 지구, 지구 연맹이 발표한 기후 과학에 대한 열 가지 새로운 통찰을 종합한 것이다. 이들이 주장하는 지구온난화로 인한 기후변화의 주요 내용을 보자. '영구동토층 해빙으로 인한 배출량이 예상보다 심각하다. 삼림 벌채는 열대 탄소의 침식 현상을 악화시키고 있다. 기후변화는 물 위기를 심각하게 악화시킬 것이다. 기후변화는 우리의 정신건강에 심각한 영향을 미칠 수 있다. 각국 정부는 아직 코로나19로부터 녹색 회복의 기회를 찾지 못하고 있다. 2020년의 코로나19는 전 세계 인류의 삶을 완전히 바꾸어버렸다. 그러나 기후전문가들은 코로나19보다 지구온난화로 인한 기후변화가 훨씬 더 위험하다고 본다.'

1장

인류의 삶을 바꾸는
지구온난화

지구온난화란
무엇인가?

영국의 저명한 과학자 제임스 러브록James Ephraim Lovelock 은 '가이아 이론'을 주장했다. 지구를 살아 있는 생명체와 같다고 보고 '가이아'라고 부른 것이다. 가이아 이론은 지구가 생물과 무생물이 유기적으로 연계되어 스스로 환경을 조절하면서 생물이 살기 좋은 상태, 즉 현재와 같은 쾌적한 대기를 조성하고 적당한 온도를 유지하고 있다는 것이다. 그런데 인간의 수가 너무 폭발적으로 증가하다 보니 가이아의 자기조절 능력이 무너지면서 가이아 전체가 위험에 빠졌다는 것이다. 특히 그는 매우 짧은 시간 동안 너무 많은 이산화탄소 등의 온실가스가 배출되어 지구 온도를 높이는 위험성에 대해 매우 강하게 경고하고 있다.

⊕ 이산화탄소가 지구를 뜨겁게 만든다고 주장한 학자들

지구에서 배출되는 이산화탄소의 영향으로 지구기온이 상승한다고 최초로 주장한 학자는 프랑스 수학자 장 밥티스트 푸리에 Jean-Baptiste J. Fourier였다. 그는 지구 표면의 대기가 온실 같은 작용을 한다는 생각을 최초로 했던 사람이다. '왜 지구는 태양으로부터 햇빛을 계속 받는데 더 이상 더워지지 않는 것일까?' 원칙대로라면 태양으로부터 들어오는 에너지와 지구에서 밖으로 나가는 에너지의 양이 같아야 했다. 그가 계산해보니 두 에너지의 양이 같으면 지구의 평균 온도는 영하 15℃가 되어야 했다. 따라서 그는 지구로부터 복사되는 열에너지가 모두 우주로 나가는 것이 아니라는 결론을 내렸다. 지구를 둘러싼 대기가 온실의 유리처럼 작용해 에너지 일부를 붙잡아둔다는 이론이었다. 푸리에가 온실효과의 기본 아이디어를 최초로 제안한 것이다.

온실효과 개념이 세계적으로 통일된 개념으로 사용된 것은 로마클럽 Club of Rome●의 1972년 〈인간, 자원, 환경 문제에 관한 미래예측 보고서〉에서부터다. 인간에 의한 지구 온난화가 세계적 이슈로 거론된 건 1970년대부터인 것이다. 보고서에서는 인구의 폭발적인 증가, 천연자

> **로마클럽** Club of Rome
> 1968년 이탈리아 사업가 아우렐리오 페체이 Aurelio Peccei의 제창으로 지구의 유한성이라는 문제의식을 가진 유럽의 경영자, 과학자, 교육자 등이 로마에 모여 회의를 가진 데서 붙여진 명칭이다

원의 고갈과 함께 이산화탄소·메탄 등의 온실가스로 인한 지구온도 상승을 예상했다. 이로 인해 앞으로 인류는 큰 어려움에 직면하고 생존이 어려워질 것으로 전망했다.

⊕ 지구는 왜 계속 뜨거워지고 있을까?

푸리에가 주장한 것처럼 만약 지구에서 우주로 빠져나가는 에너지를 붙잡는 온실가스가 없다면 지구의 평균기온은 영하 15℃ 정도로 매우 추운 행성이 된다. 그러나 현재 지구 평균기온이 영하 15℃가 아니라 영상 14.5℃ 정도로 유지되는 것은 온실가스 때문이다. 온실효과는 지구의 태초부터 있었다. 그런데 최근에 와서 문제가 되는 것은 이산화탄소 등의 온실가스가 인간의 활동에 의해 급격히 증가하면서 심각한 기온 상승을 가져왔기 때문이다.

지구온난화가 일어나는 과학적인 원리는 무엇일까? 지구에 들어오는 태양의 가시광선 파장은 태양 표면의 온도(약 6,000k)에 대응한다. 반면에 지구에서 복사하는 적외선의 파장은 지구 표면의 온도(약 300k)에 대응한다. 물체가 고온일수록 높은 열에너지와 짧은 파장을 가지고 있다. 그러니까 지구에서 복사하는 광선의 에너지가 작고, 파장도 길다는 뜻이 된다.

태양으로부터 지구로 오는 복사에너지 중에서 구름과 지표 반사 등으로 30% 정도가 대기권 밖으로 나간다. 그리고 대류권 수증기와 구름, 성층권 오존에 의해서 20% 정도가 대기에서 흡수된다. 나머지 50%가 지표면에서 흡수되어 지표면을 데우기에 지표면의 온도가 대류권에서 가장 높은 것이다.

지표면에서는 다시 에너지를 우주로 돌려보내는 장파복사인 적외선 복사를 한다. 지표면에서 복사되는 적외선은 대기 중의 이산화탄소나 수증기에 상당히 많은 양이 흡수되어 지구로 되돌아온다. 대기가 적외선을 흡수하기 때문에 지구의 온도는 상승한다. 이 효과를 '온실효과'라고 부른다.

예를 들어보자. 비닐이나 유리창으로 둘러싸인 온실의 내부는 따뜻하다. 비닐이나 유리는 가시광선을 잘 투과시키기 때문이다. 따라서 태양의 가시광선은 온실 안으로 들어와 온실 내부의 기온을 높인다. 높아진 온실 안의 낮은 에너지는 유리를 통과하지 못한다. 따라서 방출된 적외선이 온실 내부에 갇히면서 기온이 상승하는 것이다. 금성 표면의 온도는 무려 480℃에 이른다. 이렇게 기온이 높은 이유는 이산화탄소를 주성분으로 하는 금성 대기의 온실가스 농도가 지구보다 훨씬 높기 때문이다.

지구온난화의 문제는 1차적으로는 온실가스 증가가 지구 밖으로 방출되는 열을 붙잡아 기온 상승을 유도한다는 데 있다. 그러나 지구온난화로 기온 상승이 시작되면 2차적으로 대기 중의 수증기나 지구를 덮고 있는 눈과 얼음, 빙하 등의 변화가 지구온난화를 더 강화시킨다. 과학자들의 실험 결과, 지구온난화 초기에는 온실가스가 지구 밖으로 나가는 열을 붙잡아 지구 기온을 올리지만, 수십 년이 지난 뒤부터는 오히려 온난화로 대기 중에 수증기가 늘어나고, 눈과 빙하가 녹아 태양에너지를 반사하지 않으면서 태양열을 더 많이 흡수한다는 것이 밝혀졌다.

지구의 기온을 높이는 온실가스에는 일곱 가지가 있다. 이산화탄소CO_2, 메탄 CH_4, 아산화질소 N_2O가 3대 온실가스로서 온실효과에 미치는 영향이 가장 크고, 수소불화탄소$HFCs$, 과불화탄소$PFCs$, 육불화황 SF_6, 삼불화질소 NF_3도 포함된다. 이 중에서 이산화탄소의 영향이 74% 이상이기에 지구온난화 문제에 있어서 이산화탄소가 주로 논의되는 것이다.

⊕ 지구온난화에 영향을 주는 이산화탄소의 성질

이산화탄소는 어떤 성질을 가지고 있을까? 지구온난화에 영향을 주는 이산화탄소의 성질 중 가장 특징적인 것은 '확산성'이다. 공기 중에 배출된 이산화탄소는 바람과 기류에 실려 전 세계로 퍼져나간다. 사람이 한 번 호흡할 때마다 5×10^{20}만큼의 이산화탄소 분자를 내보낸다. 이산화탄소 분자가 전 세계로 골고루 퍼져 다음 해 봄에 지구의 어느 곳에서 자라는 식물이 광합성을 위해 호흡하는 공기 가운데 수십 개씩 들어 있을 수 있다. 이산화탄소의 이런 확산 능력은 정말 감탄스러울 뿐이다.

그러다 보니 이산화탄소는 어느 곳에 배출되더라도 전 세계에 비슷한 효과를 준다. 미세먼지의 경우 배출한 나라와 그 이웃 나라에만 영향을 준다. 대기오염 물질은 시간이 지나면 자외선에 분해되거나, 다른 물질과 반응하거나, 가라앉거나, 비에 세정되어 사라진다. 그러나 이산화탄소는 그렇지 않다. 베이징에서 배출됐건, 서울에서 배출됐건, 아프리카에서 배출됐건 지구 기온을 끌어올리는 효과 면에서는 거의 같다. 즉 지구상 어느 나라가 배출했건 이산화탄소는 세계 모든 국가에 고르게 영향을 미친다. 게다가 이산화탄소는 수명이 길고 반응성이 없는 물질이다. 그렇기에 지구 전체로 퍼져 오랫동안 영향을 미치는 것이다.

이산화탄소의 확산성은 기후변화의 '가해자'와 '피해자'를 분리시키는 '공간적 비대칭성'을 가져온다. 배출한 나라(가해자)와 배출하지 않은 나라(피해자)가 똑같이 피해를 입는다는 것이다.

예를 들어 특정 지역에 영향을 주는 대기오염이나 수질오염은 지역적인 노력으로 극복이 가능하다. 그러나 이산화탄소의 문제는 한 나라의 노력으로 해결이 안 된다. 다른 나라가 이산화탄소 배출을 늘리면 무용지물이 되기 때문이다. 경제학적으로 이산화탄소가 극히 이기적인 특성(내가 이산화탄소를 줄이지 않더라도 다른 나라나 기업이 줄여주면 해결되기 때문)을 지니는 것도 이 때문이다.

많은 국가나 기업이 이기적으로 변하는 것은 이산화탄소를 줄이려는 노력은 힘이 들고, 고통이 따르기 때문이다. 그러다 보니 자기 나라에 할당된 고통은 피하고 다른 나라의 노력으로 해결되기를 바란다. 따라서 이 문제를 해결하기 위해 국제적인 협력이 매우 필요하다. 이산화탄소가 일으키는 온난화는 본질적으로 '국제성'과 '세계성'을 띠는 글로벌 현상이다. 모든 나라

가 함께 협력해야 해결할 수 있기에 교토의정서*부터 파리협약*까지 길고도 험한 과정을 걸어온 것이다.

이산화탄소의 또 하나의 특성인 '축적성'은 '시간적 비대칭성'을 가져온다. 이산화탄소를 배출하는 시점과 그로 인해 피해가 나타나는 시점이 다르다는 점이다. 즉 원인과 결과 사이에 시간 지체 현상이 나타나는 것이다. 과거에 선진국들이 배출한 이산화탄소의 피해를 현재 가난한 나라들이 받고 있는 것이 그 예이다.

이산화탄소의 축적성에 대해 시카고대학교 데이비드 아처[David Archer] 교수는 다음과 같은 연구 결과를 발표했다. "1조~2조 톤의 이산화탄소를 배출할 경우 29%는 1천 년이나 지나도 대기 중에 남아 있고, 14%는 1만 년이 넘어도 남게 된다." 그러니까 지금 열심히 이산화탄소를 줄이더라도 상당한 기간 동안은 배출된 이산화탄소의 영향을 계속해서 받을 수밖에 없는 것이다. 그러니 지금이라도 획기적인 이산화탄소 저감 노력을 하지 않는다면 지구의 미래는 암담해질 것이다.

지구온난화를 부르는
온실가스

현대문명을 지탱하는 에너지에서 발생하는 온실가스가 기상이변을 일으킨다. 전 세계 에너지의 약 84%가 석유, 석탄, 가스 등의 화석연료다. 화석연료가 연소되면서 발생하는 이산화탄소가 오늘날 기후변화의 원인이 되고 있다. 에너지가 날씨에 나쁜 영향을 주지 않으려면 이산화탄소를 배출하지 않는 에너지를 사용해야 한다.

에너지원별 이산화탄소 발생량을 비교해보면 kWh(킬로와트시)당 석탄은 991g, 석유는 782g, 가스는 549g의 이산화탄소를 각각 배출하는데, 태양광은 57g, 원자력은 10g밖에 배출하지 않는다. 세계 각국이 신재생에너지나 원자력발전을 확충하는 이유다.

⊕ 이산화탄소 농도는
가파르게 올라가고 있다

그렇다면 인류는 도대체 얼마나 많은 이산화탄소를 배출하는 것일까? 이산화탄소 배출량은 아래 공식으로 표현할 수 있다.

> **이산화탄소 배출량 = 인구(P) × 풍요도(A) × 기술(T)**

이 공식은 『인구 폭탄』을 쓴 폴 에를리히 Paul Ehrlich가 만들어낸 '환경 충격 공식'에서 나온 것으로 인구팽창이 가져올 비극을 강조하기 위해 만들어졌다. 그러나 지금은 이산화탄소 배출로 인한 지구의 비극을 표현하는 공식으로 더 많이 사용된다.

이 공식에서 이산화탄소 배출량을 줄이기 위해서는 인구를 줄여야 하고, 소비 수준을 낮추어야 한다. 그리고 에너지 효율을 높이는 기술혁명이 필요하며, 탄소사용을 줄이는 에너지를 사용해야만 한다. 그러나 에를리히의 주장과는 반대로 인구는 급증하고, 소비 수준은 올라가고, 기술개발은 지지부진하다.

그렇다면 이산화탄소 농도는 얼마나 증가하고 있는 것일까? 이산화탄소 농도는 공기 분자 100만 개 중 이산화탄소가 몇 개인지 'ppm'으로 표시한다. 산업화가 시작될 때 280ppm이었고, 1958년 하와이 마우나로아 산에서 처음 측정했을 때는 315ppm이었으며, 1986년에 350ppm을 넘었다. 이산화탄소 농도가 상

1장 인류의 삶을 바꾸는 지구온난화

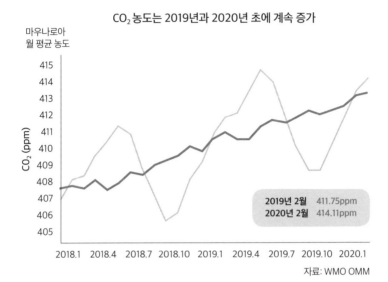

그림1 이산화탄소 공식관측소인 마우나로아(하와이)의 이산화탄소 농도변화도

CO$_2$ 농도는 2019년과 2020년 초에 계속 증가

마우나로아
월 평균 농도

CO$_2$ (ppm)

415
414
413
412
411
410
409
408
407
406
405

2019년 2월   411.75ppm
2020년 2월   414.11ppm

2018.1   2018.4   2018.7   2018.10   2019.1   2019.4   2019.7   2019.10   2020.1

자료: WMO OMM

승하자 세계적 기상학자인 제임스 핸슨^{James E. Hansen}은 2008년 이산화탄소 농도가 350ppm 수준에서 관리되어야 한다며 '마지막 경고'라는 광고를 많은 나라의 주요 신문에 냈다. 그해 수치는 385ppm이었는데, 불행히도 5년 뒤인 2013년에 400ppm을 넘었다. 그리고 마우나로이의 2020년 공식관측 기록은 414.11ppm이다.

위의 그림은 세계기상기구^{WMO}의 2021년 1월 자료로, 하와이 마우나로이에서 2019년부터 2020년까지 급속하게 증가하고 있는 이산화탄소 농도를 보여준다.

그렇다면 이산화탄소는 얼마나 빨리 증가하는 것일까? 포츠담

기후영향연구소는 2019년 4월호 〈Phys.org〉에서 대기 중의 이산화탄소 농도가 지난 300년 동안보다 지금이 가장 높다고 발표했다. 지난 300만 년 동안 지구의 평균기온이 산업화 이전 수준보다 2℃ 이상 초과한 적이 없었다는 것이다. 이들은 빙하기의 시작은 주로 이산화탄소 수치가 감소할 때 발생했는데, 현대에 들어와 화석연료의 과다한 연소로 이산화탄소의 농도가 증가하고 있다고 설명했다.

유엔 산하 '기후변화에 관한 정부 간 협의체[IPCC]'를 비롯한 과학자들은 지구 대기의 이산화탄소 농도가 450ppm을 넘기면 돌이킬 수 없는 기후변화가 발생할 것으로 본다. 재앙을 막으려면 전 세계 탄소배출량을 2030년까지 2010년의 45%로, 그리고 2050년에는 탄소배출 순 제로(0)로 만들어야 한다. 솔직하게 말하면 이는 전 세계가 합심해도 달성하기 쉽지 않은 목표다.

우리나라의 이산화탄소 농도는 얼마나 높을까? 기상청 국립기상과학원의 2020년 10월 〈2019년 지구대기 감시 보고서〉에 따르면 2019년 우리나라의 평균 이산화탄소 농도는 417.9ppm(기준: 안면도)이었다. 미국 해양대기청[NOAA]이 발표한 전 지구 평균농도(409.8ppm)에 비해 8.1ppm이나 높았다. 1년 전인 2018년보다 2.7ppm 증가했는데, 최근 10년간 증가율인 매년 2.4ppm 수준보다 더 많이 증가한 것이다.

특히 2000년대보다 2010년대 들어 상승 폭이 더욱 커지고 있다. 지속적인 온실가스 증가는 지구온난화를 가속화시키는 복사

1장 인류의 삶을 바꾸는 지구온난화

강제력을 1990년보다 45% 증가시켰다. 우리나라의 이산화탄소 농도 증가폭은 결국 극심한 기후재앙으로 우리에게 더 크게 돌아올 것이다.

⊕ 이산화탄소 배출량도 계속 늘어나고 있다

그럼 어느 나라가 얼마만큼의 이산화탄소를 배출할까? 영국 에너지 그룹 BP는 세계 탄소배출량 통계에 권위를 가지고 있는 회사다. 이들이 2020년 2월에 발간한 〈세계 에너지 통계 보고서^{BP} Statistical Review of World Energy 2019〉에 따르면 2019년의 전 세계 이산화탄소 배출량은 336억 8,490만 톤으로 전년보다 2.0% 증가했다. 이 수치는 2011년 이후 최대 증가폭인데, 기후변화로 인해 에너지 소비가 늘고 그로 인해 발생한 이산화탄소가 다시 기후변화를 심화시키는 악순환이 이어지고 있다는 것이다.

이 연구에 의하면, 전 세계적인 기후재앙의 영향으로 인해 에너지 수요가 늘어나면서 2019년 탄소배출량이 급증되었다고 한다. 비정상적으로 덥거나 추운 날이 많아지면서 냉방 및 난방을 위한 에너지 사용이 증가한 것이다.

2019년의 세계 에너지 소비량은 138억 6,490만 톤으로 전년 대비 2.9% 늘었으며 2010년 이후 최고치를 기록했다. 이 중에서

3분의 2 이상은 중국과 미국, 인도가 사용했는데 에너지 수요 증가분은 중국이 34%로 가장 컸고, 미국이 20%, 인도가 15%를 차지했다. 심지어 중국은 당장 엄청난 인구를 먹여 살리기 위해 석탄발전소를 60기 이상 새로 짓겠다고 나섰다. 우리나라는 중국의 이산화탄소가 넘어오면서 피해가 더 커질 것으로 보인다.

그렇다면 우리나라는 세계적으로 봤을 때 어느 정도의 이산화탄소 배출량인 것일까? 2019년 기준 전 세계 이산화탄소 배출량 순위에서 우리나라는 8위를 차지했다. 국가경제력 순위보다 더 많은 탄소배출을 하는 나라가 우리나라다.

우리나라의 탄소배출량은 한 해 7억 톤 수준까지 증가했다. 1990년 2억 9,220만 톤에서 2000년 5억 290만 톤, 2010년 6억 5,630만 톤으로 늘었고, 2019년에는 7억 280만 톤을 기록했다. 그런데 계속 증가하던 탄소배출량이 2019년에는 2018년보다 3.4%가 줄었다. 이렇게 우리나라의 탄소배출량이 줄어든 것은 2019년 3월 초의 미세먼지 대란의 영향이 컸다. 미세먼지로 인해 석탄 발전을 줄인 영향이다.

세계기상기구는 2020년의 전 세계 탄소배출량은 전년보다 7% 정도 줄어들었다고 발표했다. 코로나19로 인한 산업체 가동 중단, 이동제한 등의 영향이다. 2020년은 코로나19로 파란 하늘과 맑은 공기를 구경한 해이다.

이처럼 탄소배출을 줄이면 깨끗한 환경에서 살 수 있을 뿐 아니라 기후변화도 저지할 수 있다. 세계에서 절대적으로 탄소를 많이 배출하는 지역이 우리나라를 포함한 아시아이다. 아시아 국가의 탄소저감 노력이 절실하며, 우리나라도 적극적인 탄소저감을 해야만 한다.

⊕ 온실가스의 또 다른 모습

지구온난화를 일으키는 것은 이산화탄소뿐만이 아니다. 메탄, 이산화질소, 에어로졸 등도 있다. 이 중에 메탄이 지구온난화에 두 번째로 기여하는 물질이다. 2018년 11월 〈사이언스타임즈〉에 실린 질문을 소개해보겠다.

> **Q** 다음의 보기에서 지구온난화의 주범인 온실가스 배출을 저감시키기 위한 개인의 실천 행동 중 가장 효과가 큰 것은 무엇일까?
>
> ① 퇴근할 때 잊지 않고 사무실의 전원을 끈다.
> ② 출퇴근용 승용차를 경차로 바꾼다.
> ③ 집안의 수도꼭지 및 샤워기를 모두 절수형으로 바꾼다.
> ④ 소고기를 먹지 않고, 콩으로 단백질을 섭취한다.

"기후재앙 막으려면 '소고기' 먹지 마라." 정답은 ④번이다. 기사에 의하면 오리건주립대학 연구진은 모든 미국인이 소고기 대신 콩을 먹는 단 한 가지의 변화만으로 어떤 일이 일어나는지 계산했다. 자동차를 그대로 타고 다니는 것은 물론 에너지 생산 및 소비 구조도 그대로이며, 닭고기나 돼지고기 등도 지금처럼 섭취한다는 가정 하에서였다.

그랬더니 놀랍게도 소고기 대신 콩을 먹는 것만으로도 2020년 미국의 온실가스 배출량 감축 목표를 46~74% 달성할 수 있다는 결론이 나온 것이다. 또한 미국 전체 경작지의 42%를 소의 사료 생산이 아닌 다른 용도로 활용할 수 있는 것으로 나타났다. UN의 통계에 의하면 곡식을 재배하는 전 세계 경작지의 33%가 가축을 먹이기 위한 사료용 작물 재배에 사용되고 있는데, 소고기를 많이 먹는 미국은 그보다 더 많은 경작지를 소고기를 먹기 위해 사용한다. 그러니 소고기만 안 먹어도 온실가스 발생은 대폭 줄일 수 있다.

'피크 미트Peak Meat'라는 단어가 있다. 소득 증가로 육류 소비가 계속 늘어나면서 2030년대에 정점을 찍게 되고, 심각한 '기후 비상climate emergency' 사태를 맞게 된다는 경고성 예측이다. 2019년 12월에 하버드대학교, 뉴욕대학교, 인도공과대학교, 오레곤주립대학교 등의 50여 명의 과학자들은 〈The Lancet Planetary Health〉 잡지에서 다가오는 '피크 미트' 사태를 경고했다. 이들은 각국 지도자들에게 보내는 건의문을 통해 지금처럼 육류 소비가 늘어날 경우(IPCC의 발표에 따르면, 1990년부터 2017년 6월까지 27년간 육류·우유·달걀 소비는 7억 5,800만 톤에서 12억 4,700만 톤으로 64.5%가 늘어났다) 2030년대에 들어서면서 '기후 비상 사태'가 발생할 것이라고 경고했다. 과학자들이 사용한 '기후 비상'이란 용어는 153개국 과학자들 1만 1천 명이 2019년 11월 7일 〈바이오 사이언스〉에 게재한 권고문 '기후 비상 사태에 대한 경고 Warning of a Climate Emergency'에 나오는 말이다.

축산업 규모가 커지면 더 많은 사료가 필요하고, 사료를 생산하기 위해 브라질 열대우림과 같은 대형 삼림의 농지 전환이 늘게 된다. 이로 인해 온실가스 배출이 크게 늘면서 지구는 전체적으로 '기후 비상 사태'를 맞게 된다는 것이다. 이들은 지금과 같은 속도로 육류 소비가 늘어날 경우 2030년대가 되면 축산업을 위한 농지 비율이 전체 농지의 80%를 넘어설 것으로 전망했다. 그것은 곧 지구의 허파 격인 열대림이 대량 파괴된다는 것을 의미한다.

"소 방귀세를 물리는 나라가 있다?" 에스토니아라는 나라는 소 목축업자들에게 방귀세를 물려서 세금으로 탄소를 제거하는 일을 한다. 왜 소에 세금을 물릴까?

소 한 마리가 트림이나 방귀 등으로 1년 동안 배출하는 메탄가스의 양은 약 85kg이다. 전 세계에서 사육되고 있는 소의 수는 약 20억 마리로 추정되는데, 이를 모두 합치면 전 세계 소가 1년에 약 1,700억 kg의 메탄가스를 배출하는 셈이다. 이 양은 전 세계 메탄가스 배출량의 약 25%가 넘는다. 메탄이 위험한 것은 이산화탄소보다 열을 잡아 가두는 능력이 21배나 높기 때문이다. 유엔 식량농업기구FAO에서도 소를 사육하는 것이 기후변화의 가장 큰 원인 중 하나라고 지목하고 있는 것은 이 때문이다.

또 다른 온실가스 중 심각한 것이 이산화질소N_2O이다. 배출이 늘고, 이에 따라 기후변화의 속도도 빨라졌다는 연구도 있다. 식량 생산과 육식이 늘어나면서 이산화질소도 더 많이 배출된다. 이산화질소는 소나 양 등 가축의 분뇨, 식물을 재배하기 위해 거름으로 활용하는 합성 비료 등에서 나온다. 이산화질소는 이산화탄소보다 지구온난화에 300배 이상 영향을 끼치고, 대기 중에 더 오래 머무른다. 산업화 이후 질소 비료 사용이 늘어남에 따라 이산화질소 배출량은 20% 이상 증가했을 정도로 심각하다.

토양의 이산화탄소 흡수능력이 저하되는 문제도 있다. 미국 콜롬비아대 연구팀은 논문에서 가뭄과 폭염 등 극한 기상기후 현상으로 토양의 이산화탄소 저장 능력이 절반으로 줄어든다는 연구 결과를 2020년 4월호 〈Nature〉에 발표했다. 현재 해양과 숲 등 육상 생물권은 배출되는 이산화탄소의 50% 정도를 흡수하고 있다. 연구팀은 "토양이 현재와 같은 정도로 인위적 배출가스를 계속 흡수할 수 있을지 불분명하다. 토양의 배출가스 흡수능력이 한계에 이르면 지구온난화는 가속화되고, 인간과 환경에 심각한 결과를 안겨줄 수 있다"고 주장했다. 우리 모두가 생활주변에서 발생하는 온실가스에 대해 더 많은 경각심을 가져야만 한다.

소고기를 덜 먹으면 지구온난화는 늦어진다

유엔 식량농업기구(FAO)는 2006년 발간한 <가축의 긴 그림자>란 보고서에서 축산업이 전 세계 온실가스 배출량의 18%를 차지한다고 발표했다. 하지만 월드워치연구소는 2009년 발간한 보고서 <가축과 기후변화>에서 가축에 의한 온실가스 배출량이 전체의 51%에 달한다는 새로운 결과를 제시했다.

이 보고서를 쓴 로버트 굿랜드와 제프 앤행은 소가 직접 배출하는 온실가스의 양과 사료를 재배하느라 삼림을 깎아 배출되는 탄소량, 그리고 삼림 파괴로 흡수할 수 없게 된 탄소량 등 꼭 포함되어야 할 요소들이 과거 FAO 보고서에는 빠졌다고 지적했다.

결국 2014년 유엔총회보고서에는 가축에 의한 온실가스 배출량이 51%라고 게재되었고, 유엔의 다른 기구인 유네스코도 온실가스 배출량이 51%라는 것을 지지하는 보고서를 냈다. 유엔기후변화협약(UNFCCC)은 모든 소를 모아 하나의 국가라고 치면, 소들이 직접 배출하는 온실가스의 양은 중국과 미국에 이어 3위에 달한다고 주장하기도 했다.

온실가스 증가가
부르는 비극

국립기상과학원장을 역임했었던 조천호 박사는 기후위기는 생존의 위기라고 말한다. 그는 "인류가 화석연료를 태워 증가시킨 온실가스 때문에 1초에 히로시마 원자폭탄 5개가 터진 만큼의 에너지가 우주로 빠져나가지 못하고 있습니다. 하루에 42만 개, 1998년 이후 약 29억 개의 원자폭탄이 폭발한 것과 같은 에너지가 지구를 덥히는 것, 이것이 바로 온실효과입니다"라고 했다. 그만큼 온실가스의 위험성은 심각하다는 뜻이다.

⊕ 기후위기 시대에는 각자도생해야 한다

국민생활과학자문단에서 2019년 6월 21일에 포럼을 열었다. 포럼 제목은 '기후위기와 국민안전: 기후와의 전쟁에서 살아남기'였다. 이 포럼은 '온실가스 증가로 점점 심각해지는 자연재난에 어떻게 국민의 안전을 지킬 수 있는가'에 대한 것이 주제였다. 발표자는 오재호 나노웨더 대표이사와 빙하전문가인 부경대의 김백민 교수였다. 그리고 패널로는 필자와 한국기상학회장인 공주대 서명석 교수, 국립기상과학원 변영화 기후과장, 국립생태원 이상훈 기후변화연구팀장 등 4명이 참여했다.

먼저 오재호 박사가 발표한 것은 '기후위기 시대, 복합재난 대응방안'이었다. 먼저 '점점 더워지는 기후가 느껴지나요?' 편에서 오박사는 지구기온이 관측을 시작한 1880년대부터 지속적으로 상승하고 있음을 도표를 통해 보여주었다. 이렇게 기온이 상승하면서 최근에 들어와서는 폭염의 강도는 더욱 강해지고 기간은 길어지고 있다고 주장했다. 이로 인해 생태계는 생존의 위기시대가 되었다면서 2018년 7월에 폭염으로 노르웨이의 순록 수백 마리가 죽은 사진을 통해 생태계의 위기가 심각하다고 강조했다. 지금까지 전 지구 평균기온은 2016년이 가장 높았지만 지역에 따라 2017, 2018, 2019년에 최고기온을 기록한 곳이 많았다.

오재호 박사는 기후변화의 가장 중요한 원인으로 인구 증가를 꼽았다. 2050년이면 전 세계의 인구는 96억 명으로 예상되는데, 전 인구의 식량 수요를 충족시키려면 70% 이상의 식량이 더 필요하다는 것이다. 그런데 문제는 기후변화로 인해 식량생산은 더 줄어들 것으로 예상되고, 이에 오박사는 기후와의 전쟁이 시작되었다는 표현을 사용했다.

문제는 인류의 숫자가 증가할수록 더 많은 온실가스를 배출할 수밖에 없다는 데 있다. 그는 "현재 온실가스로 지구에 축적되고 있는 열량은 76억 세계인이 각각 20개의 전기주전자로 바닷물을 끓이고 있는 것과 같다"라는 예를 들었다. 또한 대기 중에 있는 온실가스로 인한 열총량은 2차 세계대전시 일본 히로시마에 떨어뜨린 원자폭탄 40만 개를 매일 떨어뜨리는 것과 같다고 발표했다. 그만큼 엄청난 열량이 기후변화를 가져오고 있다는 것이다.

그러니까 이산화탄소 등의 온실가스가 많이 배출되는 것이 지구의 기후변화를 가져온다는 것이다. 이미 지구의 이산화탄소 농도는 410ppm을 넘는 시대가 되었다. 이산화탄소 농도가 350ppm이었던 1995년에는 기후변화의 심각성 때문에 도쿄의 정서가 발효되었다. 그런데 20년의 세월이 헛되이 지나가면서 2015년에 이산화탄소 400ppm의 시대가 도래한 것이다.

이렇듯 상황이 심각해지다 보니 2015년에 파리에서 전 세계가 합의한 파리협정이 만들어졌고, 지구 평균기온이 2℃ 이상 상승하지 못하도록 각국이 이산화탄소 배출을 줄이기로 했다. 그리고 2018년 10월 인천 송도에서 열린 48차 유엔정부간기후위원회에서 지구온난화 1.5℃ 특별보고서가 채택되었다.

　오박사는 우리나라는 오히려 세계평균보다 더 많은 이산화탄소를 배출하는 나라라면서 기후변화에 대응하는 정책이 필요하다고 주장한다. 그는 앞으로 엄청난 기후변화에 직면하는 기후전쟁에서 주민이 주도하는 대응방안을 제시하고 있다.

　내용으로는 '첫째, 주민이 안심하고 생활할 수 있는 환경을 만들어야 한다. 둘째, 모든 것이 연결되는 지능적인 생활환경 관리가 필요하다. 셋째, 문제해결형 기후변화 대응체계를 구축해야 한다.'는 것이다. 다만 오박사는 조금 자극적인 표현이기는 하지만 '각자도생'이라는 말도 했는데, 정부가 해야 할 일이 있고 국민 각자가 해야 할 일이 있다는 것이다. 국민들 각자가 적극적인 재난에 대처하는 마음가짐이 필요하다는 말이다.

⊕ 지구기후의 변화는 정말 심각하다

지구기후가 정말 심각하다는 것은 여러 보고서를 보면 알 수 있다. 세계기상기구는 2020년 4월 22일에 〈지구기후 2015-2019 최종보고서〉를 발표했다. 세계기상기구 페테리 타알라스 사무총장은 인사말을 통해 "코로나19가 심각한 국제 보건 및 경제 위기를 가져왔습니다. 문제는 이런 상황에서 기후변화에 대처하지 못한다면 앞으로 수 세기 동안 인간의 행복이나 생태계, 경제는 위협받을 수밖에 없습니다"라면서 지금 지구에 닥친 코로나19를 극복하는 것도 중요하지만 기후변화에 더 적극적으로 대처할 것을 주문했다.

보고서에서는 2015년부터 2019년까지의 세계기후의 변화에 대해 설명했다. 먼저 지난 50년 동안 기후변화의 물리적 징후와 지구에 미치는 영향이 점점 더 커지면서 지난 5년 동안의 지구 온도가 기록상 가장 뜨거웠다. 지구의 이산화탄소 농도는 1970년보다 약 26% 높아졌는데, 그 이후 지구 평균 기온은 0.86℃ 상승했고, 산업화 이전보다는 무려 1.1℃ 더 따뜻해졌다.

태풍이나 열대성 사이클론도 강력해지고 있다. 2015~2019년 동안 열대성 사이클론은 최악의 경제적 피해를 가져왔는데, 2017년 미국과 서인도제도를 강타한 허리케인 '하비'는 무려 150조 원 이상의 경제적 손실을 발생시켰다. 더 잦아지는 열대성 폭풍과 집중호우 등의 재해는 다양한 종류의 전염병 발생에 유리한 조건을 만들어낸다.

기후변화로 인한 가뭄지역은 더 심각해지면서 아프리카의 식량 불안을 악화시켰고 이로 인해 기후 관련 질병이나 사망의 위험이 증가했다고 세계기상기구는 밝혔다. 또한 많은 열이 바다에 갇히면서 2019년은 해수면부터 700m 깊이까지 측정한 기록적인 해양 열 함량 값이 가장 컸던 해이다. 이렇게 해수면 온도가 높아지면 해양 생물과 생태계가 위험에 빠지게 된다. 해수면 상승 가속, 북극 해빙의 지속적 감소, 남극 해빙의 급격한 감소, 그린란드와 남극 빙하의 지속적인 빙하 감소 등 다른 주요 기후지표들도 지속적이고 가속화되는 추세를 보였다.

이런 기후변화는 경제에도 영향을 주고 있다고 세계기상기구는 밝혔다. 고온현상은 개발도상국의 국내총생산^{GDP}에 악영향을 미침으로써 발전을 저해할 우려가 있다는 것이다. 국제통화기금 ^{IMF}은 연평균 기온이 25℃인 중·저소득 개발도상국의 경우 1℃ 상승의 효과가 1.2%의 성장 감소로 이어진다고 밝혔다. 2016년에 세계 GDP의 약 20%만 생산한 나라의 인구가 전 지구의 60%이다. 그런데 이 국가들은 기온 상승으로 경제에 큰 악영향을 받을 것이며 또 이 지역의 인구는 이번 세기말까지 전 지구의 75% 이상이 거주할 것으로 보여 지역에 따른 기근과 가난의 불평등은 더 심해질 것으로 예상된다. 온실증가로 인한 기후변화는 가난한 나라와 가난한 사람들에게는 더욱 큰 비극이 된다는 말이다.

세계기상기구의 발표와 함께 2020년 5월에 미항공우주국^{NASA}도 기후변화의 심각성을 경고하고 나섰다. 미항공우주국은 최근 지구 기상지표들을 분석한 결과를 발표했는데, "해빙, 평균기온, 해수면, 이산화탄소 농도… 모두 최악으로 치닫고 있다"는 비극적인 결과였다. 기후변화를 보여주는 지표 중에 대표적인 것이 기온 상승, 북극의 바다 얼음(해빙)상태, 해수면 상승, 이산화탄소 농도 증가 등 네 가지다. 이 네 가지 지표들이 예전에 예측했던 것보다 훨씬 더 심각하게 나빠지고 있다는 것이다.

⊕ 우리나라의 기후변화도 매우 심각하다

세계만 심각한 것이 아니고 우리나라도 매우 심각하다. 2020년 7월 31일 기상청과 환경부가 공동으로 〈한국 기후변화 평가보고서 2020〉를 발표했다. 이 보고서에서는 지구온난화로 인해 여름철 강수 집중 현상이 두드러지면서 여름철 홍수나 봄·가을 가뭄 등 각종 기상재해가 심해질 것으로 보았다. 일정 기간 특정 지역에 내릴 수 있는 최대 강수량은 1030.1mm까지 증가할 것으로 예측했는데, 보고서에서는 1912년부터 2017년 동안 여름철 강수량은 10년마다 11.6mm씩 증가했다고 한다.

반면 가을과 봄철 강수량은 10년마다 각각 3.9mm, 1.9mm 증가해 변화 폭이 크지 않았고, 겨울철은 오히려 0.9mm 감소했다는 것이다. 그리고 여름에는 홍수가, 봄·가을에는 가뭄이 기승을 부리는 양극화 현상이 가속될 것으로 예상했다. 특히 한강 권역은 홍수 발생 빈도와 가뭄 강도가 덩달아 증가할 것으로 예측했으며, 2080년에는 한반도 전역이 가뭄에 취약해질 것이라는 예상도 했다.

2020년 최악의 여름 장마 기간 동안 짧은 시간에 좁은 지역에 매우 강한 비가 쏟아지는 강수형태가 나타났다. 이 보고서에서도 단기간 많은 양의 비가 한꺼번에 쏟아지는 집중호우 추세가 강화되고 있다면서, 일정 기간 특정 지역에 내릴 수 있는 최대 강수량을 의미하는 가능최대강수량은 2013년까지 915.5mm였지만 2100년에는 1030.1mm까지 증가할 것으로 분석했다. 우리나라의 집중호우 빈도와 강도는 1990년 중반 이후 꾸준히 증가해왔고, 앞으로 이런 현상은 더욱 심화될 것이라는 거다.

보고서에서는 앞으로 호우시의 강수량 증가는 향후 80년 동안 지속될 전망이라고 밝혔다. 우리나라도 머지않은 미래에 하루에 1천mm의 호우를 보게 될 것이며 이에 대한 대비가 시급하다.

기후변화에서 정말 심각한 것이 기온 상승이다. 한반도 폭염 발생 빈도·강도·지속성은 1970년대 이후 뚜렷하게 증가하고 있는데, 이것은 역대급 폭염이 자주 발생하고, 한 번 시작된 무더위는 장기간 지속된다는 것이다. 우리나라는 1912년부터 2017년까지 105년 동안 약 1.8℃ 상승하면서 전 세계 기온 상승보다 1.5배 이상 상승속도가 빠르다. 이 보고서에서는 한반도가 점점 뜨거워지면서 열사병, 열탈진, 열피로 등 온열질환은 물론 신장질환, 심뇌혈관질환, 정신질환도 늘어난다고 보았다. 우리나라의 경우 기온이 1℃ 오르면 사망 위험이 5% 증가하고 폭염에는 8%까지 높아지는데, 75세 이상 인구와 만성질환자 사망 위험은 더 증가하는 것으로 예측했다.

기온이 상승하면서 식중독 발생건수는 대폭 늘어날 것으로 보았다. 전문가들은 기온이 1℃ 상승할 경우 살모넬라균에 의한 식중독 발생 건수는 47.8%, 장염비브리오에 의한 식중독 발생 건수는 19.2%, 황색포도상구균으로 인한 식중독 발생 건수는 5.1%

증가할 것으로 예상한다. 이에 따라 2090년 식중독 발생건수는 2002년에서 2012년까지에 비해 42% 높아질 것으로 보았다.

기온이 상승하면 여름철 전염병도 증가하는데, 질병관리본부에 따르면 여름철 기온이 0.5℃ 상승할 때 쯔쯔가무시는 8%, 말라리아는 2%, 신증후군 출혈열은 10%, 렙토스피라증은 10%나 증가한다고 전망하고 있다. 지구온난화를 저지하지 못한다면 우리는 코로나19와 같은 팬데믹과 매년 싸워야만 한다.

"인간의 극한 날씨 기억력은 '개구리' 수준이다." 미국 데이비스 캘리포니아주립대와 매사추세츠공대 등 공동연구팀이 트윗 분석을 해보았다. 그랬더니 사람들이 기후변화로 인한 극한기상 현상을 몇 년 동안 겪다 보면 일상적인 일로 받아들여 마치 서서히 끓는 물속의 개구리처럼 되는 경향이 있다고 경고했다. 기후변화로 이상기온이 닥쳐도 5년 정도 지속되면 사람들은 달라진 날씨를 정상으로 여긴다는 것이다. 문제는 이런 '날씨 기억상실'이 지구온난화를 덜 심각하게 인식하도록 해 기후변화 대응력을 약화시킬 수 있다는 것이다. 죽음에 이르는 폭염과 대홍수가 다가오는데 우리는 끓는 물속의 개구리같이 살아가는 것은 아닐까?

2장

죽음에 이르는
폭염과 대홍수가 다가온다

살인적인
폭염이 다가온다

2016년에 그야말로 상상을 넘어선 폭염이 전 세계를 덮치자 이젠 누구도 기후변화를 부정해서는 안 된다고 학자들은 주장했다. 지난 1천 년간의 지구 온도 상승 추이를 나타낸 '하키스틱 곡선'을 만든 마이클 만Michael E. Mann 펜실베이니아주립대학교 교수는 "우리는 실시간으로 지구온난화가 불러온 충격을 목도하고 있으며, 전 세계를 덮친 폭염과 산불은 그 완벽한 예다"라고 말했다. 전 세계는 지구온난화로 인해 제어할 수 없는 폭염의 열차를 타고 있다는 것이다.

폭염이 발생하면 인명피해가 엄청나다. 2003년 폭염으로 유럽에서만 7만 5천 명이 사망했고, 2010년 러시아 폭염으로 5만 명의 희생자가 생겼으며, 지구기온이 가장 높았던 2016년에는 전 세계적으로 무려 10만 명이 넘는 사망자가 발생했다. 우리나라도 1994년의 폭염 때 3,500명이 넘는 희생자가 발생했었다. 이처럼 폭염은 모든 기상재난 중에 가장 많은 희생자를 가져오는 '무서운' 날씨이다.

⊕ 해가 갈수록
폭염은 심각해지고 있다

그런데 해가 갈수록 폭염은 더 심각해지고 있다. 지구의 이산화탄소 농도는 1970년보다 약 26% 높아졌는데 그 이후 지구 평균 기온은 0.86℃ 상승했고, 산업화 이전보다는 무려 1.1℃ 더 따뜻해졌다. 세계보건기구WHO는 폭염으로 인해 1980년 이후 온열 질환 위험은 증가해왔으며, 현재 세계 인구의 약 30%가 1년에 최소 20일 이상 잠재적으로 치명적인 온도인 기후 조건에서 살고 있다고 밝혔다. 최근 30년 동안 유럽 지역의 기온이 가장 빠르게 상승하고 있고, 아시아 내륙지방의 온도도 급상승하고 있다.

미항공우주국은 2020년은 지구에게 매우 힘든 해였다고 밝혔다. 2020년은 역사상 두 번째로 더운 해였고 대규모 산불이 호주, 시베리아, 미국 서부 해안을 태웠으며, 가장 많은 허리케인이 대서양에서 발생했기 때문이다. NASA 고다드 우주 비행 센터의 연구

기상학자 레슬리 오트는 "2020년은 우리가 예측해온 기후변화의 가장 심각한 영향 가운데에서 사는 것이 어떤 것인지를 보여주는 해였습니다"라고 말했다. 석탄, 석유, 천연가스와 같은 화석연료를 태우면 이산화탄소와 같은 온실가스가 대기 중으로 배출되는데, 온실가스는 단열 담요처럼 작용해 지구 표면 근처에 열을 가두어 기온을 높이는 역할을 한다.

엘니뇨
동부태평양의 대규모 고수온 현상으로, 엘니뇨가 발생하면 우리나라가 있는 서쪽은 가뭄이 들고, 동태평양 지역은 폭우와 홍수가 일어난다

라니냐
적도 부근의 동부 태평양에서 수온이 비정상적으로 낮아지는 현상으로, 엘니뇨와 정반대의 기상이변이 일어난다

250년 전 산업혁명 이후 이산화탄소 수치는 거의 50% 증가했고, 메탄의 양은 2배 이상 증가했다. 그 결과 이 기간 동안 지구는 1.1℃ 정도 따뜻해졌다. 기후모델 전문가들은 지구가 더워짐에 따라 더 심한 폭염과 가뭄, 극심한 산불에 시달리고, 평균 대비 더 길고 더 강한 허리케인이 발생할 것이라고 예측했다. 2020년은 엘니뇨°해가 아니고 라니냐°해임에도 불구하고 전 지구적으로 폭염 발생이 심각했다.

2020년의 폭염은 남극지방부터 발생했다. 남극은 1,400만 km²(호주 면적의 약 2배)에 달하는 육지 지역으로, 매우 춥고 강한 바람이 불며 건조한 날씨를 보인다. 연평균기온은 남극해안지역의 -10℃에서 내륙의 가장 높은 고지지역은 -60℃까지 이른다. 그런데 이렇게 추운 남극 대륙에 이례적인 고온이 기록되었다.

남극 반도 북단에 위치한 아르헨티나 연구기지 에스페란자는 2020년 2월 6일에 영상 18.3℃라는 신기록을 세웠다. 이전까지의 최고기온이었던 2015년 3월 24일의 17.5℃를 넘어섰다.

남극 반도의 기온은 지난 50년 동안 거의 3˚C 정도 상승하면서 지구에서 가장 빠른 온난화 지역에 속했다. 남극지역의 기온이 이처럼 급상승하면서 남극 빙하가 급속히 녹고 있다. 남극에서 매년 손실되는 얼음의 양은 1979년에서 2017년 사이에 최소한 6배나 증가했다.

⊕ 극히 이례적인 북극권의 이상고온 현상

북극권의 이상고온 현상은 극히 이례적이었다. 북극권 시베리아의 기온은 2020년 1월부터 6월까지 평균보다 5℃ 이상 높았고, 6월에는 평균보다 10℃ 이상 높았다. 6월 20일 러시아의 베르호얀스크에서는 38℃의 폭염으로 관측 사상 최고의 기온을 보였다. "장기화된 시베리아 열기는 기후변화 없이는 거의 불가능하다"고 세계기상기구가 밝혔다.

세계기상기구 과학자들은 "전 세계적으로 점점 더 뜨거워지고 폭염이 빈번해지고 있다. 특히 시베리아와 같은 곳에서는 더 더운 기후가 지역 야생동물과 그곳에 사는 사람들뿐만 아니라 세계 기후 시스템 전체에 파괴적인 영향을 미칠 수 있다"라고 주장했다. 이들은 2020년의 시베리아 이상고온 현상은 8만 년에 한 번 정도 나타날 수 있는 현상이라고 말하면서 온실가스 배출로 인해 기후 변화로 더위가 장기화될 가능성이 최소 600배 증가했다고 주장했다.

북극권의 이상고온 현상은 북극권 대형산불을 불렀고, 이로 인해 6월 말까지 115만 ha(헥타르)가 불에 타 스위스, 노르웨이 등 일부 산업화된 국가들의 연간 배출량보다 많은 약 5,600만 톤의 이산화탄소가 방출되었다. 또한 이상고온은 영구 동토층을 녹이면서 심각한 메탄 발생을 불렀고, 눈과 얼음의 손실로 인한 지구의 반사율 저하도 지구를 더욱 뜨겁게 만들었다.

취리히 환경시스템과학부의 소니아 세네비라트네 Sonia I. Seneviratne 교수는 "이러한 결과는 기후시스템에 사람의 발자국이 없다면 거의 일어날 가능성이 없는 극단적인 사건들이다"라고 말하면서 "우리는 기후변화가 파리 협약의 범위 내에 머물 수 있는 수준으로 지구온난화를 안정시킬 시간이 거의 남아 있지 않다. 1.5℃의 지구온난화로 안정화되려면 2030년까지 이산화탄소 배출량을 절반 이상 줄여야 한다"고 주장했다.

극 지역뿐만 아니라 세계 각국은 폭염으로 끓어올랐다. 미국 서해안에 폭염특보가 발효 중인 2020년 8월 16일 캘리포니아 데스밸리에서 54.4℃까지 기온이 오르면서 최곳값을 갱신했다. 이 폭염은 1913년 이후 지구상에서 가장 높은 기온이며, 지구상에서

2장 죽음에 이르는 폭염과 대홍수가 다가온다

세 번째로 높은 기온이다. 지금까지 기록된 가장 뜨거운 온도는 1931년 7월 튀니지 케빌리에서의 55.0°C이었다. 미 서부해안의 폭염으로 5천만 명 이상의 미국인이 영향을 받았으며, 캘리포니아 대형산불을 일으키는 원인이 되기도 했다.

2020년 카리브해 지역의 많은 나라에서 최고기온 기록이 깨졌다고 세계기상기구는 11월에 발표했다. 9월에는 도미니카, 그레나다, 푸에르토리코가 최고기온 기록을 경신했다. 9월 15일 도미니카의 카네필드는 낮 최고기온이 35.7℃를 기록했다. 하루 뒤 그레나다의 포인트 살린스는 34℃를 기록했으며, 푸에르토리코의 아귀레는 9월 17일 37.8℃를 기록했다. 카리브해 기상 및 수문학 연구소CIMH의 기후학자 세드릭 반 메어백 박사는 2020년 9월은 아루바(34.3℃), 마바루마, 가이아나(33.4℃), 마르티니크 국제공항(32.9℃), 세인트루시아(32.4℃)의 낮 최고기온이 역대 최고를 기록했다고 밝혔다.

2020년 8월 서유럽과 중부유럽과 일본의 폭염으로 8월 둘째 주 기온이 신기록을 세웠다. 8월 17일 일본은 하마마쓰에서 기록한 41.1°C로 일본 관측기록의 최고기온과 동률을 이루었다. 일본 서부와 동부는 8월 21일까지 최고기온이 35°C를 넘는 폭염을 기록했다. 이러한 기록들은 전 지구가 폭염에 빠지고 있다는 무서운 징조들이다.

⊕ 높은 기온에 습도가 높으면 살인적인 더위다

미해양대기청이 2020년 5월에 '위험한 습기와 극한 열'에 관한 보고서를 내놓았다. 여름은 기온 못지않게 습도가 무척 중요한데, 습도가 높으면 체감기온은 훨씬 더 높아지기 때문이다. '높은 열과 습도의 출현이 인체에 너무 심각하다'는 제목의 연구 결과로 전 세계의 위험지도를 만들었다. 이 지도는 1979년부터 2017년까지 기온과 습도를 결합한 위험지도로, 색이 짙어질수록 폭염이 극심함을 나타낸다. 미해양대기청은 이 온도에서 35℃ 이상을 인간 생존가능성 한계치로 보고 있다.

그림2 기온과 습도를 결합한 전 세계의 위험지도

덥고 습한 날의 상위 0.1%

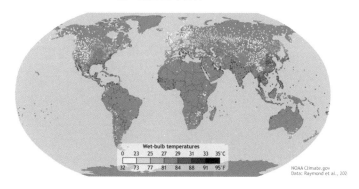

자료: NOAA

일부 지역이 이미 인간의 생존가능성 한계치 이상의 지역에 포함되고 있으며, 이 한계보다 불과 몇 °C 아래인 위험한 극단은 미국 남서부와 남동부의 일부 지역을 포함해 전 세계적으로 수천 번 발생하고 있고, 1979년 이후 빈도가 2배 이상 증가했다고 밝혔다. 이 연구를 주도한 라들리 호튼 컬럼비아 대학 교수는 "습도가 높은 열기가 기후변화의 가장 과소평가된 부분이지만 가장 위험하다. 해수면 상승과 해안침수로 인해 많은 지역에서 강력한 습도가 가미된 폭염이 증가하는데도 사람들의 인식은 이에 미치지 못하고 있다"라며 위험한 습도와 극한 열에 대해 경고하고 나섰다.

미해양대기청 연구원들은 기상 관측소의 온도와 습도 데이터를 바탕으로 '습구온도'라는 지수를 사용해 분석했다. 습구온도는 젖은 천으로 덮었을 때 온도계에서 나오는 측정값으로 찌는 듯한 느낌과 관련이 있으며, 사람이 땀을 흘리면서 얼마나 효과적으로 열을 발산하는지를 나타내주는 지수이다. 그런데 무더울 때 사람은 땀을 흘려 체온을 조절하는데, 인간의 생존가능성 한계인 95°F(35°C)의 습구온도에서는 땀을 흘려 체온을 조절해주지 못한다. 이는 아주 위험한 것으로, 현재까지 가장 뜨거운 습구온도를 보인 지역은 높은 해수면 온도와 강렬한 대류의 열기에 가까운 해안 지역에 집중되었다고 밝혔다.

지금이라도 이산화탄소 등 온실가스를 줄이려는 노력이 필요하다. 미항공우주국의 기후과학자인 제임스 핸슨James E. Hansen은 "우리는 젊은 세대가 감당하기 어려운 상황으로 몰고 있다"고 말한다. 핸슨 박사는 전 세계가 온실가스를 충분히 빠른 속도로 감축하지 않기에 우리가 예상하는 것 이상으로 지구 기후변화가 심각하게 일어나고 있다고 말한다. 온실가스 감축을 진행하지 않는다면 이번 세기말에는 정말 우리가 상상할 수 없는 재앙적 기후변화가 있을 것이라고 말이다.

현재 세계는 제어되지 않는 폭염의 급행열차를 타고 있다. 이 사실을 더 늦기 전에 우리 모두 깨달았으면 좋겠다.

폭염은
더욱 심각해진다

"인류의 미래는 어떻게 될 것인가?"

2020년에 우리는 기온 상승으로 인한 지구상의 수많은 재앙을 목격했다. 대형 산불, 극심한 허리케인, 빙하의 해빙 등은 우연한 재앙이 아니라 바로 인간이 초래한 기후변화의 직접적인 결과이다. 안타깝게도 기온 상승으로 인한 기후재앙은 향후 10년 동안 계속해서 확대될 것이다. 온실가스 배출이 현재와 같은 속도로 계속된다면 폭염으로 인한 재난은 더욱 심각해질 것이다.

⊕ 찜통 같은 더위에서 살아야 한다

전 지구 평균기온이 1℃가 상승한다면 어떤 일이 발생할까? IPCC 예측은 다음과 같다. '안데스산맥의 빙하가 녹기 시작해 인근 국가의 5천만 명이 물 부족에 시달린다. 기온 상승으로 인한 말라리아 등의 질병으로 매년 30만 명 이상의 사람들이 사망하게 된다. 영구 동토층이 녹아 러시아, 캐나다의 건물과 도로가 손상된다. 북극에 남아 있던 일부 얼음마저 완전히 사라지게 된다. 전 세계에 있는 대부분의 산호들이 죽거나 멸종하게 된다. 지구 생물의 약 10%가 평균기온 상승으로 인해 멸종위기에 처하게 된다.' 이처럼 지구 평균기온 1℃ 상승이라는 것은 정말 엄청난 것이다.

지구 역사에서 1℃의 전 지구 평균기온 변화가 있었던 적이 있었다. 1815년 탐보라 화산이 폭발하면서 성층권까지 화산재가 치올려졌는데, 화산재는 3년 동안 북반구 상공에 머물면서 태양빛을 차단하는 효과인 우산효과*를 가져왔다. 지구의 기온이 떨어지면서 유럽과 미국에서는 여름에도 눈이 내리고 날도 추웠다. 기온 저하로 식량생산이 줄어들면서 영국, 프랑스 등 유럽 각국에는 폭동이 잇따랐다. 세계 최초의 금융공황이 발생했으며, 발진티푸스 등 전염병이 창궐했다. 겨우 전 지구 평균기온

> **우산효과**
> 지구 대기 중에 떠돌고 있는 미립자가 지표면에 도달하는 햇빛을 막아 기온을 떨어뜨리는 현상. 주로 황산 미스트, 에어로졸 따위의 미립자들에 의해 일어난다

이 1℃ 떨어졌을 뿐인데 전 지구가 극심한 몸살을 앓은 것이다.

2015년 12월 체결된 파리협정은 평균기온 2℃ 상승 억제를 목표로, 그리고 1.5℃ 상승 억제를 권고사항으로 의결했다. 그렇다면 전 지구 평균기온이 2℃ 상승하면 어떤 변화가 나타날까? '남아프리카, 지중해 인근 국가들의 물 공급량이 20~30% 정도 감소한다. 열대지역(아프리카 5~10%) 농작물의 생산이 크게 감소하면서 5억 명이 굶주림에 시달리게 된다. 전 세계의 6천만 명 이상이 말라리아에 노출된다. 지구의 심장이라 불리던 아마존이 사막화가 되기 시작한다. 그린란드와 남극의 서쪽에 위치한 빙산이 빠르게 녹기 시작한다.'

여러분은 이 정도의 말로 피해가 어느 정도인지 상상이 되지 않을 것이다. 앞의 항목 하나하나가 큰 일이 아닌 것 같아도, 이는 엄청난 경제·사회·정치적 문제가 발생할 정도로 매우 심각한 일이다.

필자가 연세대에서 '기후와 문명'이라는 과목을 강의할 때 기후전공 교수들과 대화를 나눈 적이 있었는데, 당시 많은 기후학 교수들은 지구 평균기온이 2℃ 이상 상승하면 엄청난 재앙이 닥칠 것으로 보고 있었다. 우리가 기온 상승을 진지하고 심각하게 받아들여야 한다는 뜻이다.

독일 포츠담기후영향연구소[PIK]와 덴마크 코펜하겐대학교, 호주국립대학교 연구진은 지구 평균기온이 2℃ 상승을 넘어서면 이산화탄소 배출량을 대폭 줄이더라도 인류가 '온실 지구'를 통제하는 것이 불가능하다고 2018년 8월호 〈PNAS〉에 발표했다. 인류의 노력과는 상관없이 매우 뜨거운 '핫 하우스Hot house'상태의 지구가 된다는 것이다. 연구팀은 지속적으로 발생하고 있는 폭염이 지구가 핫 하우스로 향할 수 있다는 위험을 알리는 신호라고 말한다.

"2070년에 인구 35억 명이 '사하라 사막'급 찜통더위에서 산다." 2020년 6월 세계경제포럼WEF에서 나온 내용이다. 2070년이 되면 세계 인구의 3분의 1이 현재의 사하라 사막의 가장 더운 지역과 같을 정도로 무더운 환경에서 살게 될 가능성이 있다는 것이다. 2070년대에 가면 전 세계 예측 인구의 약 30%가 평균 기온 29°C 이상인 곳에 살게 된다. 현재 이 같은 곳은 지구 지표의 1% 미만이며, 그 대부분은 사하라 사막의 가장 더운 지역이다.

또한 폭염으로 인해 건강, 식료 안전 보장 및 경제성장이 큰 난관에 직면할 것으로 보인다. 이는 지구의 온도 상승을 분석해 지난 6천 년간의 평균 기후조건과 비교한 미국, 중국, 유럽의 과학자 그룹이 도출해낸 결론이다.

50년 후인 2070년이 되면 중국에서 인구밀도가 가장 높은 '베이징시, 허베이·톈진·네이멍구자치구(이하 화북평원)'에 사람이 생존할 수 없는 더위가 닥칠 것이라는 비극적인 연구 결과가 나왔다. 2018년 8월 초 미국 매사추세츠공과대MIT에서 기후과학과 교수들이 연구한 내용이다. 중국의 수도인 베이징을 포함한 화북평원의 인구는 약 4억 명이다. 연구팀은 4억 명에 이르는 사람이 생

2장 죽음에 이르는 폭염과 대홍수가 다가온다

명에 지장을 받게 된다고 보는 것이다. 지금의 폭염은 그야말로 맛보기에 지나지 않을 것이라는 의미다.

미래기후 중 폭염에서 중요한 것은 습도이다. 다습한 기후가 지구온난화를 더욱 부추긴다는 연구가 2020년 6월호 〈Nature〉에 실렸다. 버지니아 해양과학연구소는 강수량 증가로 인해 전 세계 열대 토양으로부터 이산화탄소가 방출될 가능성이 높아지면서 대기중 온실가스 농도가 높아지고 전 세계 온난화를 더욱 부추긴다는 연구결과를 발표했다. 연구진은 지난 1만 8천 년 동안 갠지스강과 브라마푸트라강의 배수 유역이 더욱 따뜻하고 습한 기후로 변화하면서 토양 탄소의 비축량을 감소시켰다는 점을 발견했다고 밝혔다.

현재 지구 대기 중 이산화탄소의 농도는 416ppm으로 약 7,500억 톤의 탄소에 해당된다. 지구의 토양에는 약 3만 5천억 톤의 탄소가 포함되어 있는데, 이는 대기 중에 있는 탄소의 4배 이상이다. 이들은 이전 연구에서 북극의 광범위한 해빙으로 매년 최대 6억 톤의 탄소가 대기로 방출될 것이라고 밝혔는데, 이제는 강수량에 의한 토양 호흡이 더욱 심각한 탄소배출로 이어지면서 폭염도 더욱 심각해진다는 것이다.

⊕ 우리나라와 동아시아의 기온 상승은 치명적이다

우리나라는 어떨까? 2021년 1월 18일에 기상청에서 〈한반도 기후변화 전망보고서 2020〉을 발표했다. 지금까지 국제사회는 IPCC를 중심으로 기후변화에 대응하고 있으며, 2018년의 〈지구 온난화 1.5℃ 특별보고서〉, 2019년의 〈기후변화와 토지 특별보고서〉, 〈해양 및 빙권 특별보고서〉 발간을 통해 기후변화로 인한 위험이 심화되고 있음을 강조해왔다. 이에 우리나라도 국립기상과학원에서 국제 기후변화 공동 연구에 참여해 사회·경제학적 요소가 고려된 IPCC의 신규 온실가스 경로[SSP4]를 기반으로 한 새로운 '전 지구 기후변화 시나리오'를 산출했다. 그리고 이를 바탕으로 전지구의 미래 기후변화 정보를 수록한 〈전 지구 기후변화 전망보고서〉를 발간한 것이다.

보고서의 제한점은 공간해상도*가 수평적으로 100km 이상인 전 지구 기후변화 시나리오가 상세한 기후변화 특성을 분석하기에는 한계가 있다는 것이다. 이에 국립기상과학원은 한반도를 포함한 동아시아 지역에 25km의 고해상도 기후변화 시나리오를 산출했다. 보고서에서는 동아시아 및 한반도 지역에 대한 현재(1995~2014년) 대비 미래(2015~2100년) 기후변화를

> **공간해상도**
> 위성과 지구의 중심을 연결하는 직선이 지구 표면과 만나는 '직하점'에서의 공간적 규모. 인공위성 영상을 이루는 한 격자의 공간적 크기

전망하고 이에 대한 정보를 수록했다.

먼저 보고서에서는 탄소를 많이 배출하는 '고탄소 시나리오'와 탄소를 적게 배출하는 '저탄소 시나리오'의 두 가지로 예측했다. 그리고 기간도 미래 전반기(2021~2040년), 미래 중반기(2041~2060년), 미래 후반기(2081~2100년)로 구분했다.

먼저 기온을 보면, 미래 후반기의 동아시아 연평균기온은 온실가스 배출 정도에 따라 현재 대비 2.7~7.3℃ 상승할 것으로 전망했다. 모든 시나리오에서 미래 전반기까지 현재 대비 연평균기온 상승폭이 비슷하지만, 고탄소 시나리오(SSP5-8.5)는 미래 중반기부터 기온이 비교적 급격하게 상승한다.

고탄소 시나리오에서 연평균기온은 현재 대비 미래 전반기에 1.8℃ 상승하며, 기온의 상승 추세가 강해진 미래 후반기에는 7.3℃가 상승할 것으로 예측했다.

이에 반해 탄소를 줄인 저탄소 시나리오에서는 연평균기온은 현재 대비 미래 전반기에 1.6℃ 상승하며, 기온의 상승 추세가 약해진 미래 후반기에는 2.7℃ 상승할 것으로 전망했다. 즉 탄소를 줄일 경우 기온 상승 추세가 많이 약해짐을 볼 수 있다. 특징적인 현상으로는 동아시아의 지역별 연평균기온 상승폭은 고위도 지역에서 크고, 저위도와 해양에 인접한 지역은 상승폭이 비교적 작다는 것이다.

이 보고서를 보면서 우리가 정말 심각하게 받아들여야 하는 사실은 2014년 대비 이번 세기말에 7.3℃ 상승한다는 것이다. 현재

그림3 한국의 기온 상승 전망

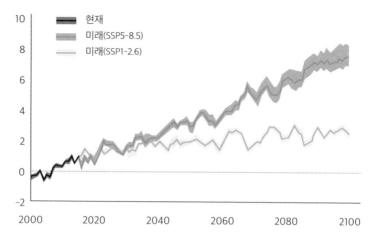

기온 변화: ℃

자료: 국립기상과학원

● 현재(1995~2014년)대비 2000~2100년의 한반도 연평균기온 변화(℃). 실선은 앙상블
  평균값을 의미하며, 음영은 4개 모델 앙상블의 범주를 의미함.

1.1℃ 정도가 산업혁명 이후에 상승했으니까 세기말에는 8.4℃
이상 상승하는 것이다.

지금 기후학자들은 산업혁명 시기 이후 지구 평균기온이 2℃
이상 상승하면 기후이탈시대가 발생할 것으로 보고 있다. 6,600만
년 전인 에오세 때에 탄소증가로 8℃가 상승하면서 생물종의 대
량 멸종이 있었다. 그러니까 탄소를 줄이지 않고 이대로 기온이
상승한다면 세기말 동아시아에는 사람이 생존하기 어렵다고 봐야
한다. 다만 탄소를 많이 줄인 저탄소 시나리오의 경우 2.7℃가 상
승하니까 기후재앙은 많이 발생하더라도 생존은 가능할 것으로

예상한다.

우리나라의 기후전망은 정말 우울하다. 미래 후반기의 한반도 연평균기온은 온실가스 배출 정도에 따라 현재 대비 2.6~7.0℃ 상승할 것으로 전망되고 있다. 모든 시나리오에서 앞의 그림처럼 미래 전반기까지 연평균기온 상승폭이 비슷하지만 고탄소 시나리오의 경우 미래 중반기부터 급격히 상승하고 있다. 수치로 보면 고탄소 시나리오에서 연평균기온은 현재 대비 미래 전반기에 1.8℃ 상승하며, 후반기에 급격히 기온이 상승하면서 7.0℃ 상승할 것으로 전망했다. 그렇다면 현재 1.8℃ 상승해 있으니까 세기말에는 산업혁명 이전과 비교하면 8.8℃가 상승하는 것이다. 탄소 배출을 줄이지 않는 경우 동아시아와 마찬가지로 세기말에 한반도에서 사람이 살기가 매우 어려운 상태가 될 것으로 보인다.

그러나 탄소를 많이 줄이는 저탄소 시나리오에서는 연평균기온은 현재 대비 미래 전반기에 1.6℃ 상승하며, 미래 후반기에 2.6℃ 상승으로 전망되면서 고탄소 시나리오에 비해 4.4℃ 이상 낮을 것으로 전망하고 있다. 다만 탄소를 줄이더라도 산업혁명 이전과 비교해 4.4℃ 상승하게 되기에 극심한 기상재앙은 많이 발생할 것이다.

보고서에서는 미래 한반도에서 극한 고온현상은 증가하고 저온현상은 감소할 것으로 전망했다. 고탄소 시나리오의 경우, 일 최고기온으로 연 최대값이 8.7℃ 상승한다. 고탄소 시나리오에서 현재 대비 미래 후반기 온난일은 약 3.6배, 그러니까 현재 36.5일에서 129.9일로 증가하며, 열대야도 3.3배 증가할 것으로 전망했다. 이처럼 탄소를 줄이지 않는다면 한반도의 기후전망은 정말 암담하다고 봐야 한다.

심각한 점은 지구기후가 회복력을 잃는다는 것이다. 2018년 8월 PNAS에 실린 〈인류세[world] 기후 시스템의 변화 궤적〉이란 논문이 있다. 이는 폭염과 관련된 논문으로 지구기후가 균형 회복력을 잃어버리고 있을지도 모른다고 말한다. 기후 시스템은 한 영역에서 발생한 교란 요소가 도미노 현상처럼 여러 형태의 연쇄 반응을 촉발할 수 있다. 한 번 무너지면 걷잡을 수 없게 증폭될 수 있는 것이다.

그러니까 티핑포인트[●]를 넘어서면 그때부터는 점차적으로 진행되는 것이 아니라 순간에 큰 폭으로 변화한다. 이렇게 되면 인류가 무슨 수를 써도 이전 균형 상태로 돌아갈 수 없다. 연구팀은 복원 불능 상태의 지구 기후를 '찜통hothouse'에 갇힌 것으로 묘사했다. 도대체 지구가 찜통 더위에 갇힐 비극적인 시간이 얼마나 남아 있는 것일까?

기온 상승은
대홍수를 부른다

일본 애니메이션 영화인 〈날씨의 아이〉는 기후변화로 인해 3개월째 비가 내려 도쿄가 수몰되는 재난 상황을 배경으로 하고 있다. 이 영화에서는 비가 많이 내리다 보니 간절히 기도하면 날씨가 맑아지는 능력을 가진 '맑음소녀'가 주인공으로 나온다. 영화의 마지막 장면에서 남자 주인공은 맑음소녀에게 외친다. "히나 씨, 아무리 비에 젖더라도, 우리는 살아간다. 아무리 세상이 변해도, 우리는 살아간다. 우리는 괜찮을 거야." 영화에서는 아무리 비가 많이 와도 살아갈 거라고 말하지만 극심한 기후변화로 인해 발생할 대홍수에서도 과연 살아남을 수 있을까?

⊕ 2020년 여름의
동아시아 대홍수

2020년 여름, 동아시아 지역에 대홍수가 발생했다. 가장 먼저 호우가 시작된 곳은 중국이었다. 중국은 두 달 이상 장마가 지속되면서 엄청난 피해를 기록했다. 7월 29일의 중국 언론 보도에 의하면 6월 1일부터 7월 28일까지 장시·안후이·후베이성 등 27개 지역에서 발생한 폭우로 5,481만여 명의 수재민이 발생했다. 사망 및 실종 142명, 가옥 4만 1천 채의 파손 피해, 농경지 침수는 우리나라 면적의 절반이 넘었으며, 직접적인 재산 피해만 24조 6천억 원에 이르렀다. 중국 기상관측 이래 가장 많은 비가 내린 역대급 재앙이었다.

일본도 2020년 7월 초에 규슈九州 지역에서 1천 mm가 넘는 기록적 폭우가 발생해 72여 명이 사망했다. 14개 현(縣·광역자치단체)에서 하천 105개가 범람했고, 토지 1,551ha가 침수되었다. 일본 정부는 7월 14일 열린 각의閣議에서 규슈를 중심으로 한 폭우 피해를 '특정비상재해'로 지정했다.

우리나라도 중부지방에서 54일이라는 최장기간의 장마와 함께 최다강수량을 기록했다. 가장 먼저 기습호우에 얻어맞은 곳은 부산이었다. 7월 23일 부산 지역에 하루 단위로 가장 많은 비가 내렸다. 해운대 211mm를 비롯해 기장 204mm 등의 폭우였다. 7월 부산에 내린 강수량은 796.8mm로 평년의 2.6배나 많았고,

1년 총강수량의 절반 이상을 기록했다.

두 번째의 호우 강타 지역은 대전이었다. 29~30일 내린 집중호우로 대전에서 2명이 숨졌고, 734건의 침수 피해로 25세대 41명의 이재민이 발생했다. 대전 역시 7월 강수량이 544.9mm로 평년강수량보다 1.6배나 많은 비가 내렸다.

부산과 대전을 강타한 장마전선이 중부지방으로 올라오면서 최악의 재난이 발생했다. 8월 1일부터 6일까지, 그리고 9일부터 다시 장마전선이 중부지방에 위치하면서 호우를 내렸다. 10일 17시까지의 중부지방의 호우 기록을 보면 강원 철원 장흥리가 970.5mm, 경기도 연천군 신서면이 932.5m, 가평군 북면이 732mm, 서울 도봉구가 569.5mm 등 기록적인 비가 쏟아졌다.

장마전선은 8월 7일과 8일 사이에 남부지방에 위치해 비를 퍼부으면서 엄청난 피해를 가져왔다. 10일 17시 기준으로 전남 담양군 담양읍이 679mm, 순창군 풍산면이 677.5mm, 경남 지리산이 745mm 등 만 하루 만에 기록적인 폭우가 쏟아져 내렸다. 전국을 오간 장마로 인해 우리나라의 피해는 10일 06시 기준 사망 31명, 실종 11명, 이재민은 4023세대(6,946명)가 발생했다.

그렇다면 왜 2020년 여름에 이렇게 오랜 기간 동안 폭우가 쏟아진 것일까? 한국과 중국, 일본에 나타난 폭우의 경우 지구온난화로 인한 기후변화가 원인이었다. 북극과 시베리아 지역에 나타났던 이상고온현상이 주범이다. 북극 고온현상으로 따뜻한 공기가 쌓이면서 공기가 정체되어 서쪽에서 동쪽으로 움직이는 제트기류가 남쪽으로 사행하면서 내려와 동아시아 상공에 차가운 공기가 위치했다. 찬 공기는 북쪽에서 북태평양고기압의 북상을 오랫동안 막았다. 장마전선은 북쪽의 찬 공기와 북태평양고기압의 기온 차이가 클수록 발달한다. 그러다 보니 2020년 우리나라 장마는 최장기록과 최다강수량을 기록한 것이다.

⊕ 강수량이 비정상으로 변하고 있다

미국 지질조사국의 지구과학자인 크리스토퍼 밀리 Christopher Milly 교수는 "예측 가능했던 변수들에 기초한 '정상성 stationarity'은 이제 죽었다"라고 주장했다. 밀리 교수가 이끄는 연구팀은 21세기의 강수 패턴을 분석했다. 그랬더니 계절에 따른 강수 패턴이 지난 수십 년 동안 관측되어 왔던 범위에서 크게 벗어나 있다는 사실이 밝혀졌다. 밀리 교수팀은 과거의 강수량으로 미래의 강수량을 예측한다는 것은 매우 어렵다고 결론지으며, 무질서와 혼란이 증대된 핵심 원인으로 기후변화를 지목했다. 밀리 교수가 지적한 '정상성의 종말'은 많은 사람들에게 영감을 주면서 저널리스트 마크 샤피로 Mark Schapiro는 기후변화의 갖가지 이상기후를 '정상성의 종말'이라고 이름 붙인 책을 저술하기도 했다.

최근 들어 게릴라성 호우 등의 극단적인 기상현상은 바로 강수의 정상성이 없어진다는 뜻이다. 이런 현상을 인위적인 지구온난화로 인해 흔들리는 자연계의 균형 유지를 위한 보상적 자연현상으로 보는 과학자들이 있다. 그런데 극단적인 강수 현상extreme rainfall events은 일종의 나비효과에 따른 글로벌 연결 패턴이 있다는 연구도 있다.

2020년 서울의 엄청난 폭우는 수천 km 떨어진 동남아지역의 폭우와 관계가 있다는 국제협동연구팀의 연구가 2021년 1월 〈Nature〉에 실렸다. 이들의 분석에서 나타난 극심한 강우 패턴은 제트기류로 알려진 거대한 공기흐름과 관련이 있는 것으로 나타났다. 지구 대기권 상층부에서 서쪽에서 동쪽으로 흐르는 강한 바람인 제트기류는 파도 모양으로 북반구에 다양한 기상현상을 유발한다. 연구팀의 니클라스 보어스Niklas Boers 박사는 "우리는 극심한 강우를 일으키는 글로벌 원격상관 패턴을 발견하고, 그 주요 요인으로 생각되는 특정 대기 파동의 유형을 식별해냈다. 대기 역학에 대한 통찰력과 극심한 강우 현상과의 관계를 알면 이를 미리 예측하는 데 도움을 받을 수 있다"고 밝혔다.

이들의 연구에는 우리나라 장마나 폭우도 연관되어 있다. 이들의 연구를 보면 남아시아 여름 몬순 시기의 극단적인 강우 사건은 평균적으로 동아시아와 아프리카, 유럽과 북미 지역에서의 사건들과 관련이 있다는 것이다. 다시 말하면 유럽에 내린 비가 파키스탄과 인도에 비를 내리게 하지는 않지만, 이들은 같은 대기 파동 패턴에 속하며 유럽에서 먼저 강우를 일으켰다는 것이다.

⊕ 우리나라도 여름철에 강수현상이 집중되고 있다

2020년 7월 31일 기상청과 환경부가 공동으로 〈한국 기후변화 평가보고서 2020〉을 발표했다. 보고서에서는 지구온난화로 인해 여름철 강수 집중 현상이 두드러지면서 여름철 홍수나 봄·가을 가뭄 등 각종 기상재해가 심해질 것으로 보았다. 여름에는 홍수가, 봄·가을에는 가뭄이 기승을 부리는 양극화 현상이 가속될 것이며, 특히 한강 권역은 홍수 발생 빈도와 가뭄 강도가 덩달아 증가할 것으로 예측했다. 그리고 2080년에는 한반도 전역이 가뭄에 취약해질 것이라는 예상도 나왔다.

이 보고서에서는 1912년부터 2017년 동안 여름철 강수량은 10년마다 11.6mm씩 증가했다고 밝히고 있다. 문제는 짧은 시간에 좁은 지역으로 엄청난 비가 쏟아지면서 침수와 범람, 산사태가 많이 발생할 것이라는 대목이다. 단기간에 많은 양의 비가 한꺼번에 쏟아지는 집중호우 추세가 강화되고 있다 보니 일정 기간 특정 지역에 내릴 수 있는 최대 강수량을 의미하는 가능최대강수량이 2013년까지 915.5mm였지만, 2100년에는 1030.1mm까지 증가할 것으로 분석했다. 특정 지역에 내릴 수 있는 최대 강수량이 1030.1mm가 되면 그 피해는 엄청날 것이다.

총강수량도 중요하지만 짧은 시간에 집중되는 강수량이 더욱 무섭다. 이 보고서에서는 우리나라의 집중호우 빈도와 강도는

1990년대 중반 이후 꾸준히 증가해왔고, 앞으로 이런 현상은 더 심화될 것으로 예상했다. 2020년 7월에 부산이나 대전에서 하루 강수량이 200mm가 넘고 시간당 강수량이 80mm가 넘으면서 많은 피해가 발생했다. 하루 강수량이 200mm로 호우경보 수준이었지만 짧은 시간에 집중적으로 비가 내렸기에 피해가 컸다.

하루에 200mm의 비가 내리면 호우경보이지만, 이 비가 하루 24시간 동안 꾸준히 내리면 한 시간당 8mm정도 내린다. 이 정도의 비가 내리면 피해가 거의 없다. 문제는 3~4시간에 200mm가 집중적으로 내리면 우리나라 하수처리 능력으로는 물이 빠지지 못하고 바로 침수되어 하천이 범람하고, 산사태가 발생한다. 그래서 비의 총강수량도 중요하지만 실제로는 비의 집중도가 더 중요하다고 볼 수 있다.

2021년 1월 18일에 기상청은 보고서를 발표했다. 이 보고서는 미래 후반기의 동아시아 평균 강수량은 온실가스 배출 정도에 따라 현재 대비 6~20% 증가할 것으로 전망했다. 2060년까지는 모든 시나리오에서 현재 대비 평균 강수량 증가율이 비슷하지만, 고탄소 시나리오에서는 미래 중반기 이후에 강수량이 급격하게 증가한다. 고탄소 시나리오에서 평균 강수량은 현재 대비 미래 중반기에 7% 증가하며, 미래 후반기에는 지금보다 20% 급증할 것으로 예상했다.

한반도에 관한 전망을 보면 미래 후반기의 한반도 평균 강수량은 온실가스 배출 정도에 따라 현재 대비 3~14% 증가할 것으로 보인다. 모든 시나리오에서 미래 전반기에 현재 대비 평균 강수량이 다소 감소하고 미래 후반기에 증가할 것으로 보았는데, 저탄소 시나리오에서는 세기말에 3% 증가하지만 고탄소 시나리오에서는 14% 증가하는 것으로 나타났다.

　미래 한반도 강수량 변화 경향은 지역에 따라 편차가 매우 큰데 저탄소 시나리오에서 미래 후반기에 한반도 북쪽은 강수량이 증가하고, 한반도 남쪽은 감소한다. 반면 고탄소 시나리오의 미래 후반기에는 한반도 전역에서 강수량이 증가하며, 한반도 북쪽이 비교적 더 많은 증가폭을 보일 것으로 전망했다.

2020년 10월에 충격적인 영상이 공개되었다. 앞으로 10년 후인 2030년에 한반도가 대홍수로 물에 잠기는 시뮬레이션 영상이었다. 그린피스 서울 사무소가 '2030 한반도 대홍수 시나리오'라는 제목으로 SNS에 올린 영상이었다. 기후변화 연구단체인 '클라이밋 센트럴'의 연구를 바탕으로 제작된 영상을 보면 충격적이다. 대홍수로 인천공항에 계류중인 거대한 비행기들과 시설물들이 물에 잠겨 있다.

"정말로 태풍이나 홍수로 인천공항이 물에 잠길 수 있나요? 그 정도로 기후변화가 심각합니까?" 알고 지내는 지인 몇 분이 이 영상을 보고 필자에게 전화를 해왔다. 2030년 이전에라도 인천공항이 물에 잠길 가능성이 있다는 필자의 대답에 지인들은 말도 안 된다고 하며 놀란 기색이었다. 어떻게 국가의 관문인 국제공항이 물에 잠길 수 있느냐는 거다.

2010년대로 들어오면서 기후변화의 속도가 빨라지고 있다. 기온 상승은 더 많은 수증기를 함유하기에 폭우를 만들고, 해수온도가 상승하면서 슈퍼태풍이 만들어진다. 게다가 빙하가 급속히 녹으면서 해수면이 빠르게 상승하고 있다. 강한 태풍이나 호우가 내리면 낮은 지역은 물에 잠길 수밖에 없다. 다시 말해 10년 내에 인천공항이 물에 잠긴다는 말은 결코 과장이 아닌 것이다.

그럼 태풍이나 홍수로 인해 국제공항이 물에 잠긴 적이 있을까? 2011년에 대홍수로 태국 전체 국토의 80%가 물에 잠기면서 태국 제2의 공항인 돈므앙 국제공항이 물에 잠겨 일주일간 폐쇄되었다. 2018년 인도에 '100년 만의 홍수'가 찾아오면서 케랄라 주의 코치 국제공항이 12일간 폐쇄되었다. 활주로는 물론 계류장과 거의 모든 주요 시설이 물에 잠겼기 때문이었다. 2018년 태풍 '제비'가 일본을 강타하면서 오사카의 간사이 국제공항의 활주로가 물에 잠겼다. 여기에 간사이 공항과 바다 건너편 육지를 잇는 다리에 강풍에 휩쓸려온 유조선이 충돌하면서 공항으로의 접근까지 불가능해져 결국 공항이 폐쇄되었다. 2019년에는 슈퍼허리케인 '도리안'이 카리브해 섬나라인 바하마를 휩쓸고 지나갔다. 시속 297km의 초강력 강풍과 800mm가 넘는 폭우, 폭풍해일로 그랜드바하마국제공항 활주로와 주요 시설이 물에 잠기면서 공항은 폐쇄되었다.

◀ 그린피스 서울사무소가 올린
'2030 한반도 대홍수 시나리오'

"북극곰이 죽어가고 있습니다. 이들을 살려주세요." 한 구호단체의 외침이다. 급속히 상승하는 기온으로 북극빙하가 역대급으로 많이 녹고 있다. 빙하가 녹으면 북극곰이 살아가는 생태계가 파괴된다. 세계자연기금(WWF)은 "북극곰은 지구온난화에 따른 빙하감소와 함께 북극해 일대의 석유와 천연가스 탐사, 유해 화학물질 농도의 증가, 북극해 일대 인구 증가 등으로 서식지를 잃어가면서 만성적인 기아상황에 놓여 있습니다"라고 주장한다. 그런데 빙하가 녹으면 북극곰만 죽는 것이 아니다. 인류도 같이 죽어간다.

해수온도와 해수면 상승은
비극이다

빙하가 녹으면
북극곰만 죽는 것이 아니다

✛ 빙하가 녹으면서 만드는
뉴노멀 기후시대

"앞으로 15년 후에는 북극의 빙하가 다 녹아버립니다." 2020년 8월 〈Nature Climate Change〉에 실린 영국 남극자연환경연구소BAS의 연구 논문 내용이다. 연구팀은 영국기상청 해들리 센터의 첨단 기후모델을 이용해 마지막 간빙기의 북극해 얼음 상태와 지금과 비교했다. 그랬더니 강한 봄볕이 바다 위의 빙하 위에 '융해연못(해빙sea ice 위에 형성된 웅덩이)'을 만들어 바다 위 빙하를 더 많이 녹이더라는 것이다. 참고로 영국 기상청 해들리 센터 모델은 바다 위 빙하와 융해연못 등까지 고려해 기후변화를 예측할 수 있는 최첨단 모델이다.

북극빙하가 사라지면 극심한 기상재난이 발생한다. 2020년 우리나라에서 발생한 최악의 장마는 북극의 얼음이 녹으면서 발생한 기상재난이었다. 다만 북극빙하가 녹으면서 발생하는 기상이변은 똑같은 형태로 나타나지는 않는다. 여름에 긴 장마로 영향을 주었다면 겨울에는 혹한으로, 봄에는 기록적인 미세먼지로 영향을 줄 수 있다. 그리고 이는 역대급 폭염으로 나타날 수도 있다. 이처럼 이상기후가 앞으로는 일상화 되는 기후의 뉴노멀new normal 시대로 바뀌고 있다.

북극은 우리가 살고 있는 중위도 지역에 비해 기온이 매우 낮다. 이 북극의 찬 공기가 남쪽으로 내려오는 것을 막는 것이 제트기류이다. 제트기류는 북극지역의 기온과 그 남쪽지역의 기온차이가 클수록 강해진다. 제트기류가 강해지면 원형에 가깝게 북극지역을 휘돌면서 북극의 한랭공기가 중위도 지역으로 내려오는 것을 막아준다. 그런데 지구온난화로 북극지역의 기온이 올라가면 중위도 지역과의 온도차이가 줄어들면서 제트기류가 약해진다. 제트기류의 바람은 온도차이가 크면 강하게 불고, 온도차이가 작으면 약하게 분다.

제트기류가 약해지면 원형으로 북반구를 감싸고 휘도는 것이 아니라 남쪽으로 길게 뱀처럼 내려와 사행을 하게 된다. 제트기류가 뱀처럼 사행을 하면 남쪽으로 북극한기를 끌고 내려온다. 그리고 내려온 한기들은 동쪽으로 잘 흘러가지 않고 오랫동안 차가운 공기를 북쪽에서 끌어내린다. 지구온난화로 인해 겨울기온은 상승하고 있는데 빙하가 많이 녹은 해의 겨울에는 이례적으로 한파가 찾아온다. 2021년 1월 초순에 20년 만의 한파가 서울에 찾아온 것도 이 때문이었다.

지구에서 기온 상승이 가장 빠른 곳이 바로 북극지역이다. 북극이 다른 지역보다 기온이 더 빨리 상승하는 이유는 얼음 때문이다. 북극의 얼음은 흰색이므로 태양빛을 반사하는 알베도^{Albedo}가 높다. 그런데 얼음이 녹으면 북극해나 그린란드와 같은 바다나 육지가 드러난다. 특히 북극의 바닷물은 태양빛을 그대로 흡수하는 알베도가 낮다. 그러다 보니 기온은 더 많이 오르고 빙산은 더 빨리 녹게 되면서 악순환이 발생하는 것이다.

⊕ 북극 빙하는
얼마나 빠르게 녹고 있나?

북극권이 고온현상을 보이고 대형산불이 심각했던 2019년부터 급속히 얼음층이 사라지기 시작했다. 2019년 6월, 미국 조지아 대학의 연구팀은 "그린란드의 얼음층 40% 이상에서 녹음 현상이 나타나 20억 톤 이상의 얼음 손실이 추정된다"고 밝혔다. 연구팀은 2016년 6월에 그린란드의 거의 전 얼음층에서 녹음 현상이 나

그림4 북극빙하의 얼어 있는 면적 변화(윗그림)와 빙하잔존량(아래그림)의 평균과의 차이

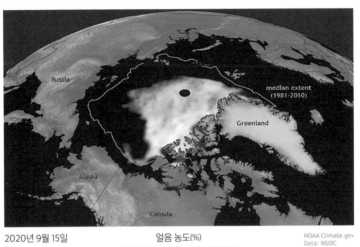

2020년 9월 15일 　　　　얼음 농도(%) 　　　　NOAA Climate.gov
Data: NSIDC

15　　　　　　　100

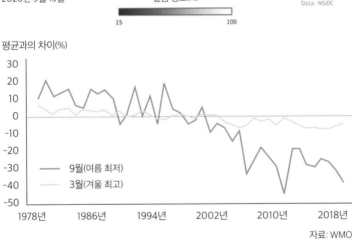

평균과의 차이(%)

9월(여름 최저)
3월(겨울 최고)

자료: WMO

타났었는데 이것은 그린란드 환경에 대한 관측이 시작된 이후 최초였으며, 그 이후 지속적으로 많은 얼음층이 사라지고 있다는 것이다.

독일 알프레드 베게너 연구소는 2020년 8월에 학술지 〈Geo-physics Communication〉에 2019년 그린란드의 빙상 유실률이 역대 최고 기록을 경신했다고 밝혔다. 이들은 다양한 위성영상을 이용해 분석했는데, 특히 2019년 한 해 동안 5,320억 톤이 녹아 역대 가장 많은 얼음이 사라졌다고 했다. 연구팀은 "2019년 1~7월까지의 유실량만 봐도 2003~2016년 기록한 연평균 유실량을 약 50%를 초과했다"고 밝혔다. 그린란드의 빙하 유실이 가져올 재앙이 심각한 이유는 해수면 상승에 많은 영향을 주기 때문이다. 2019년 10월 국제 기후변화 연구단체 '클라이밋 센트럴 Climate Central'은 해수면 상승으로 인해 2050년 전 세계 3억 명이 거주하는 지역에 매년 침수 피해가 발생할 것이라고 주장했다.

북극 바다 위에 떠 있는 빙하 역시 심각하다. 독일과 미국 연구자로 이뤄진 '해빙모델상호비교프로젝트' 팀이 2020년 4월 〈Geophysics study letters〉에 발표한 논문에 따르면 온실가스 배출을 크게 줄여도 2050년 이전에 북극권 여름 해빙이 현재의 4분의 1 이하로 줄어들 것으로 예측했다. 사실상 거의 사라지는 셈이다. 2020년 8월 10일 영국남극조사소 연구팀도 북극권 해빙이 2035~2086년 사이에 모두 녹아 사라질 것이라는 연구 결과를 〈Nature Climate Change〉에 발표했다. 현재 북극빙하의 면적은 관측 이래 가장 작다. 2020년 10월 29일에 730만 km^2밖에 남지 않았다. 이 양은 역대 가장 많은 빙하가 녹았다고 했던 2019년의 880만 km^2보다 1년 만에 무려 17%가 사라진 것이다.

🌐 지구의 얼음이
사라지고 있다

"지구온난화로 인해 1994년부터 전 지구에서 사라진 얼음이 28조 톤에 달합니다." 학술지 〈Journal of Cryosphere Discussions〉 2020년 8월호에 실린 논문 내용이다. 영국 리즈대학 등의 공동 연구진이 1994년부터 극지방과 산맥, 빙하지대 등에 있었던 얼음을 위성으로 분석했다. 남극과 북극지역만 아니라 그린란드나 안데스, 로키, 히말라야 산맥 등의 얼음을 모두 포함한 것이다. 그랬더니 1994년부터 2017년 사이, 불과 23년 동안 지구 전역에서 녹아내린 얼음의 양이 무려 28조 톤에 달하더라는 것이다.

남극빙하도 심각하게 사라지고 있다. 2019년 4월 〈Nature〉 지에 실린 '지구물리보고서'에서는 남극 서부 빙하의 24%가 녹고 있으며 빙상은 최대 122m까지 얇아졌다고 밝혔다. 스위스 취리히 공대와 네덜란드 델프트 공대 등이 참여한 국제 연구팀은 1961년부터 2016년까지 55년 동안 지구상에서 사라진 빙하가 총 9조 톤에 달한다는 연구 결과를 공개했다. 이들은 연평균 3,350억 톤의 얼음이 녹고 있으며 이는 알프스 전체 얼음의 3배에 해당한다고 밝혔다. 2020년 9월 15일 미국국립과학원회보 PNAS에 발표된 네덜란드 델프트대의 위성 연구도 남극빙하의 심각성을 일깨운다. 남극 서쪽 아문센해에 있는 빙하 가장자리 빙붕이 최근 6년 사이에만 약 30%가 감소하면서 세계 해수면 상승에 약 5% 기여했다고 연구팀은 주장했다.

지구의 얼음이 녹는 가장 큰 이유는 지구온난화로, 극지방의 온도상승이 빠르게 진행되었고 여기에 기온 상승으로 인한 해수온도 상승도 가세하기 때문이다. 남극 대륙에서 빙상이 사라지는 가장 큰 원인은 해수온도 상승이고, 그린란드는 해수온도 상승과 대기온도 상승이 같이 영향을 준 반면, 안데스나 히말라야산맥과 같은 내륙 빙하가 녹는 것은 대기온도 상승이 가장 큰 이유이다.

⊕ 자유의 여신상이 가라앉고, 인천공항이 물에 잠긴다

만약에 남아 있는 빙하가 전부 녹아버린다면 어떻게 될까? 빙하가 급속히 녹으면 해수면이 상승한다. 전문가들은 빙하가 모두 녹을 경우 태평양, 대서양 등 대부분 바다의 수위가 지금보다 약 66m가량 올라갈 것으로 보고 있다. 해수면이 66m 올라간다는 것은 어느 정도일까? 미국의 자유여신상은 거의 어깨까지 물이 차오르고, 일부 고지대를 제외한 서울시 대부분은 흔적도 없이 사라지게 된다.

2020년 8월 말 환경단체 그린피스 서울사무소가 부산 해안가와 인천공항 대부분이 물에 잠긴 시뮬레이션 영상 '지구온난화 속도 못 늦추면 인천공항 물에 잠긴다'를 공개했다. 이들은 기후변화가 지속될 경우 물에 잠길 수 있는 한반도의 해안가와 저지대를 보여주고 있다. 그린피스는 2030년 한국에 '10년에 한 번 발생할 빈도'의 홍수가 벌어졌을 때의 상황을 가정했다. 그랬더니 지속적인 해수면 상승과 대형홍수의 결합으로 서울 면적의 10배가 넘는 지역이 물에 잠기고, 332만 명의 시민이 직접적인 침수 피해를 당한다는 것이다. 이 지역들에는 국회의사당, 부산 해안가와 인천공항, 김포공항 등이 포함되었다. 특히 우리나라 인구의 절반이 사는 수도권지역에 피해가 집중될 것으로 추정했다.

북극얼음은 다 빙하일까?

많은 사람들은 빙하와 빙산을 혼동해 사용한다. 육지에서 만들어진 얼음덩어리는 네 가지 종류가 있다.

첫 번째는 빙하(glacier)다. 오랜 시간 떨어진 눈의 덩어리가 쌓여 육지의 일부를 덮는 두꺼운 얼음층이다. 아래 있는 눈이 압력을 받아 얼음으로 변해 빙하가 된다. 두 번째는 빙상(ice sheet)이다. 주변 영토를 5만 km² 이상 덮은 빙하 얼음 덩어리로, 남한 면적의 절반 정도 크기 이상의 얼음덩어리를 말한다. 세 번째는 빙붕(ice shell)이다. 남극대륙에 이어져 바다에 떠 있는 300~900m 두께의 얼음 덩어리로, 육지에서 얼음이 공급되어서 크기가 급격히 줄어들지 않는다. 네 번째는 빙산(iceberg)이다. 물에 떠 있는 얼음조각으로, 물 위에 나타난 부분의 높이가 최고 5m 이상인 것을 빙산이라고 부른다. 주로 빙붕이 깨지거나 빙하가 깨져 바다에 들어가서 만들어진다. 타이타닉호가 침몰한 것도 빙산에 부딪쳤기 때문이다.

물고기가 사라지는
해수온도 상승

"우리가 살고 있는 지구의 허파이자 탄소를 흡수하는 해양은 지구 기후를 관장하는 매우 중요한 역할을 한다. 오늘날 기후변화로 해수면이 상승하면서 전 세계 해안에 살고 있는 많은 사람들의 삶에 엄청난 영향을 끼치고 있다. 또한 해수온도 상승으로 산성화되면서 생물다양성의 감소와 함께 바다식량 생산이 줄어들고 있다." 2020년 6월 8일 '세계 해양의 날'을 맞아 안토니우 구테흐스 António Guterres UN 사무총장이 인류에게 보낸 경고이다.

⊕ 바다온도가 급상승하고 있다

"2019년은 가장 더운 해일뿐만 아니라 지난 10년 동안 단일 연도로는 가장 기온이 높게 오른 시기였다. 바다는 기온만이 아니라 지구가 얼마나 빨리 뜨거워지고 있는지를 잘 보여주는데, 해수온도 분석을 통해 지구온난화가 계속해서 가속화하고 있음을 잘 알수 있다." 2020년 1월호 과학저널 〈대기과학의 발전〉에 실린 미국 학자들의 논문 내용이다. 이들은 해수온도가 높아질수록 홍수와 가뭄, 산불이 자주 발생하며 해수면 상승과도 직결된다고 덧붙였다.

이들은 어떻게 바다의 온도를 측정하는 것일까? 해양온도 측정장비인 아르고 시스템으로 측정한다. 이 장비는 인공위성과 연결되어 3,900개의 아르고 탐사선이 전 세계의 바다온도를 샅샅이 측정한다. 세계 곳곳의 바다온도를 측정해 보니 대기온도 상승보다 더 가파르게 상승하고 있다고 2019년 〈사이언스〉에 게재된 논문에 나온다. 1991년부터 2010년까지 해양은 평균적으로 1971년부터 1990년까지보다 5배 이상 빠르게 뜨거워졌다고 연구팀의 하우스퍼 박사는 밝혔다.

그런데 더 충격적인 연구가 나왔다. 2020년 1월 〈대기과학〉지에 실린 14명의 과학자들로 구성된 국제연구팀은 "세계의 바다는 현재 1초에 히로시마 폭탄 5개를 떨어뜨린 것과 같은 열량으로 뜨거워지고 있다."는 발표를 했다. 이들은 1950년부터 2019년까지 전 세계 해양의 해저 2천 m 지점의 수온 관측 기록을 분석했다. 그랬더니 바다온도가 급상승하면서 세계 바다의 수온 상승세가 지난 25년간 히로시마 원자폭탄을 1초마다 4개씩 투하했을 때 바다가 흡수한 에너지량과 비슷한 수준이라고 추정했다.

지금도 해수온도 상승세가 계속 가속화되고 있는 만큼 1초당 원폭 5~6개를 투하했을 경우와 같다고 주장한다. 그리고 이런 바다온도 급상승은 바로 인류가 만든 지구온난화 때문이라면서 세계 바다의 온도 상승폭이 크게 뛴 것은 1987년부터라고 말한다. 연구팀의 리쳉 박사는 1987년부터 2019년까지 전 세계 바다 수온의 평균 온도가 이전에 비해 무려 4배 반이나 급상승했다면서 해수온도 상승이 정말 심각하다고 주장한다. 필자는 대기온도 상승보다 해수온도 상승이 더 심각한 것이 아닌가 생각한다.

✦ 우리나라 인근 바다온도 상승은 매우 심각하다

우리나라 해수온도 상승률은 심각할 정도이다. 2017년 8월 국립수산과학원은 우리나라 해역의 표층 수온은 1968년부터 2015년까지 1.11℃ 상승했다고 발표했다. 같은 기간 전 세계 표층 수온 상승 폭(0.43℃)의 2.5배를 넘는 정말 심각한 수준이다. 2019년에 해양수산부는 동해, 남해 동부, 제주권 해역을 대상으로 실시한 국

3장 해수온도와 해수면 상승은 비극이다

가 해양생태계 종합조사를 발표했다. 그런데 급격한 해수온도 상승으로 동해까지 아열대화가 진행되고 있다고 밝혔다. 이렇게 해수온도가 상승하게 되면 해양생태계가 파괴된다.

2018년에 대마도 해역에서 흐르는 '대마난류'가 강하게 유입되면서 제주 해역의 식물성 플랑크톤® 출현이 2년 전의 5분의 1 수준으로 급감했던 것이 좋은 예이다. 식물성 플랑크톤이 줄어들면 어류도 따라서 줄어든다. 2019년 3월에 미국 캘리포니아주 이즐라 비스타의 환경공학대학원 크리스토퍼 프리 박사 연구팀은 해수온도가 상승하면서 전 세계적으로 어획량이 줄어들고 있는데 놀랍게도 가장 크게 어획량이 감소한 해역은 대한민국의 동해였다고 발표했다. 전체 어획량이 무려 35%나 감소했다는 것이다.

우리나라의 어획량이 급속도로 감소하는 원인은 무엇일까? 해수온도 상승으로 발생하는 것 중 하나가 바다의 산성화이다. 바다의 산성화는 지구온난화의 주범인 이산화탄소의 증가 때문에 발생한다. 바다는 이산화탄소의 3분의 1을 흡수하는데, 최근 대기 중의 이산화탄소의 양이 급격히 늘어나면서 바다가 흡수할 수 있는 용량 이상으로 더 많은 이산화탄소를 흡수하게 되었다. 그러다 보니 바닷물의 산성도가 갈수록 높아지게 되는 것이다.

기후학자인 캐롤 털리Carol Turley 박사는 "만일 이런 속도로 바다 산성화가 이뤄진다면 21세기 말에는 산성도가 120% 증가할 것"

이라고 경고했다. 바다 산성화는 석회석 성분 중의 탄산이온을 소모시켜 조개류의 껍질 생성을 방해한다. 거미불가사리는 산성화된 바다에서 알을 적게 낳게 되는데, 불가사리 알은 청어의 먹이이기에 청어의 개체수도 줄어든다. 바다의 산성화는 물고기들의 방향감각과 후각을 손상시키고, 산호의 골격 형성도 방해한다. 바다의 물고기가 사라질 수밖에 없는 환경이 되는 것이다.

⊕ 바닷물의 온도가 올라가면 무슨 일이 생길까?

바닷물의 온도가 올라가면 첫째, 물이 팽창해서 바닷물의 높이가 올라간다. 우리는 지구온난화로 남태평양 섬들이 물에 잠긴다는 이야기를 한다.

그런데 바닷물의 높이가 올라가는 것은 빙하가 녹기 때문이기도 하지만 가장 큰 원인은 바닷물의 온도가 올라가면서 부피가 팽창하기 때문이다. 2019년 세계기상기구는 바다온도와 해수면 상승이 최고치에 달했다고 지적한 바 있으며, 이 같은 현상은 갈수록 악화되고 있다.

두 번째로 바닷물의 온도가 올라가면서 해양산성화*가 일어난다. 해수온도의 상승으로 인한 바다의 산

> **해양산성화**
> 해수에 이산화탄소량이 증가함에 따라 점차 산도가 강화되는 현상

3장 해수온도와 해수면 상승은 비극이다

성화가 뜻하는 것은 사람들의 단백질 43%를 공급하는 바다식량이 빠르게 사라진다는 것이다. "물고기들이 맞고 있는 위험은 예전에 분석했던 것보다 훨씬 심각하다. 물고기 생애주기 중 산란기 때 온도 내성이 가장 낮다. 그런데 지금처럼 해수온도가 상승한다면 어류의 60%가 기존 산란지에서 더 이상 번식 활동을 하지 못하게 될 것이다." 독일 헬름홀츠 극지해양연구센터의 알프레드 베게너연구소 연구팀이 2020년 7월 3일 과학저널 〈Science〉에 게재한 논문 내용이다. 이들은 바다물고기뿐만 아니라 강이나 호수 등의 민물고기도 마찬가지일 것으로 예상했다.

셋째로, 해수온도 상승은 산호를 죽인다. 기온이 높을수록 산호 표백작용이 촉진되면서 산호는 죽어간다. 2020년 1월, 호주연구협의회 ARC 산호초연구센터 연구진은 세계 최대의 산호초 단지인 그레이트배리어리프의 1,035개 산호 군락을 항공 관측했다. 그랬더니 전체 산호초의 60.2%가 백화현상을 겪으면서 죽어가고 있었다.

산호가 죽으면 산호에 의존하고 살아가는 물고기의 생존도 위협받는다. 모든 물고기 종의 4분의 1 정도가 산호에 의존하고 살아가기 때문이다. 현재 추세라면 2030년까지 전 세계 산호초의 60%가 치명적으로 위협받을 것으로 예상된다. 이처럼 해수온도 상승은 해양생태계를 폐허화하는 악성 기후변화이다.

⊕ 해수온도 상승을 막는 방법은 무엇일까?

2020년에 국제해양생태프로그램[IPSO]은 해양환경이 지구온난화, 해수 산성화, 어류의 남획, 빙하 용해, 양식으로 인한 서식지 파괴 등으로 인류 역사상 전례 없는 대재앙에 직면해 있다고 발표하면서 각국 정부에 대책을 호소했다. 이에 미국은 2천억 원의 연구비를 지원했고, 영국과 독일 등 유럽 국가도 해양 산성화 연구에 착수했다.

바닷물온도가 올라가는 것을 막는 방법은 이산화탄소를 포함한 온실가스를 줄이는 것이 최선이다. 지구온난화 저지와 해양 생태계 회복을 최우선으로 삼는 노력이 있어야 한다.

차선책으로 적응 노력도 필요하다. 예를 들어 세계기상기구는 온실가스를 줄이자는 캠페인을 지속하면서 지구촌 기후 관측시스템[Global Climate Observing System, GCOS]과 지구촌 해양 관측시스템[Global Ocean Observing System, GOOS]을 통해 지역별 해수면 변화와 이에 따른 영향 분석 작업을 진행하고 있다. 이러한 시스템으로 바닷물온도가 상승하면서 직접적인 피해가 발생하는 국가에 도움을 주는 것이다.

'블롭(Blob)'을 부르는 바다 폭염

세계적인 바닷물온도의 상승이 가장 무섭지만 국지적인 바닷물온도 상승도 엄청난 위력을 발휘한다. 가장 대표적인 것이 '엘니뇨'이다. 동태평양 바닷물이 따뜻해지는 현상으로 동남아시아와 호주는 가뭄이, 중남미에는 폭우가 쏟아지는 등 전 세계적으로 기상재해가 빈발한다. 인도양 서쪽 해양의 바닷물온도가 올라가고 동쪽 해양이 바닷물온도는 낮아지는 '인도양 다이폴'도 피해가 만만치 않다. 2019년 말부터 2020년 초까지 호주의 폭염과 가뭄, 대형산불, 아프리카와 중동의 메뚜기떼 재앙 등을 만들어냈다.

'엘니뇨'나 '인도양다이폴'에 비해 이름이 붙여진 지 겨우 6년밖에 되지 않은 바닷물온도 상승 현상이 있다. 블롭(The Blob)이라는 기괴한 해양현상이다. 2014년부터 2016년 사이에 미국 서부 해안에서 광범위한 지역의 바닷물이 이상적으로 뜨거워졌다. 과학자들은 이 현상이 기괴하다고 해서 '블롭'이라 이름 붙였다. '블롭'은 프랑스 파리 동물원에서 발견한 생명체이다. 이 생명체는 단세포 유기체로 점액질 형태로 동물처럼 움직이고 뇌가 없지만 인간처럼 판단력을 갖고 있으며, 눈이나 입, 코, 소화기관이 없는데도 음식을 실제로 먹고 소화시킨다. 팔다리가 없는데 자유자재로 몸을 넓히며 이동한다. 뇌도 없는데 생각하고, 소화기관도 없는데 음식을 먹다 보니 우리가 생각해온 생명체의 개념을 파괴하는 정말 기괴한 존재이다.

과학자들이 미 서부 해안의 급격한 바닷물온도 상승을 '블롭'이라 부른 것은 기괴한 현상이 나타났기 때문이었다. 식물성 플랑크톤에서 동물성 플랑크톤, 물고기, 대구를 포함해 고래와 같은 대형 해양 동물에 이르기까지 먹이사슬의 모든 단계에서 수많은 해양 생물이 죽어갔다. 치누크 연어 알의 95% 이상이 죽었고, 물고기를 먹고 사는 바다사자 떼와 바닷새 100만 마리도 먹을 것이 없어 죽어갔다. 2015년 초에 미 서부 북쪽의 워싱턴주는 조개 캐는 것을 금지했다. 독성이 심한 녹조 때문이었다. '블롭'은 지구온난화가 만들어낸 기괴한 괴물이었다.

슈퍼태풍과
최악의 폭풍이 다가온다

'미국 뉴올리안즈시가 수중도시로 변하면서 2,576명이 사망하고 50조 원의 재산피해가 발생했습니다.' 2005년 8월 말, 미국 남동부를 강타한 초대형 허리케인인 카트리나^{Katrina}가 만들어낸 세계 최악의 재난이었다. 강풍과 폭우로 뉴올리언스의 폰차트레인 호수의 제방이 붕괴되면서 이 도시의 80%가 물에 잠겼다. 2차 세계대전 이후 선진국 도시가 물에 잠긴 것은 처음으로, 세계 최강대국인 미국에게 수치와 굴욕을 안겨준 것은 다름 아닌 슈퍼허리케인이었다.

✤ 태풍이란 무엇인가?

우리나라의 재난 중에서 가장 큰 피해를 준 것도 태풍이다. 그렇다면 태풍은 무엇을 말하는 것일까? 열대성 저기압 중에서 중심 최대풍속이 초속 17m 이상의 폭풍우를 동반하는 것을 태풍이라 부른다.

지구상에서 연간 발생하는 열대성 저기압은 발생 해역별로 이름이 다르다. 북태평양 남서해상에서 발생하는 것은 태풍Typhoon, 북대서양·카리브해·멕시코만·동부태평양에서 발생하는 것은 허리케인Hurricane, 인도양과 호주부근 남태평양 해역에서 발생하는 것은 사이클론Cyclone이라 부른다.

그런데 태풍은 아무 곳에서나 발생하는 것은 아니다. 태풍의 발생조건은 네 가지다. 첫째, 태풍이 발생하는 열대 서태평양 지역의 해수면 온도가 높아야 한다. 일반적으로 바닷물온도가 27℃ 이상이어야 한다. 이것은 수분의 증발로 인해 나오는 잠열이 태풍의 주된 에너지원이기 때문이다.

둘째, 대류권 중층의 상대습도가 커야 한다. 셋째, 대류권 하층의 회전하려는 성질(절대 와도)이 커야 태풍이 발생한다. 넷째, 연직 바람시어wind shear●가 작을수록 태풍이 잘 발생한다.

바람시어wind shear
임의의 층 사이의 바람 차이 (풍속과 풍향)를 말한다

태풍은 어떻게 분류할까? 세계기

그림5 발생해역에 따른 태풍 명칭과 발생비율

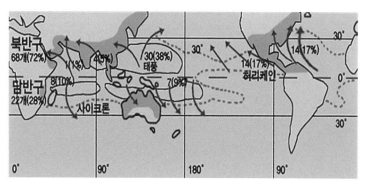

자료: KMA

그림6 태풍의 분류

중심부근 최대풍속		17m/s (34Kts) 미만	17~24m/s (34~47Kts)	25~32m/s (48~63Kts)	33m/s(64Kts) 이상
구분	세계 기상 기구	약한열대 저기압 Tropical Depression (TD)	열대폭풍 Tropical Storm (TS)	강한열대폭풍 Severe Tropical Storm (STS)	태풍 Typhoon (TY)
	한국 일본	약한열대 저기압	태풍		

자료: WMO

상기구[WMO]는 중심부근 최대풍속에 따라 태풍은 다음과 같이 4계급으로 분류하며 열대성폭풍[TS]부터 태풍의 이름을 붙이기 시작한다. 우리나라와 일본은 중심부근 최대풍속 17m/s 이상의 열대성폭풍을 일괄적으로 태풍이라고 부른다.

3장 해수온도와 해수면 상승은 비극이다

⊕ 태풍이
더 강해지고 있다

지구 바닷물의 온도가 높아질수록 태풍은 강해지는데, 이것은 더 많은 에너지를 공급받기 때문이다. 2018년 7월 미국 채플힐 노스 캐롤라이나 대학의 웨이 메이 교수와 샌디에이고 캘리포니아주립 대 상핑 셰 교수는 〈네이처 지오사이언스〉 온라인판에서 육지에 상륙하는 태풍의 강도가 계속해서 강해지고 있다고 주장했다. 이들은 중국, 대만, 일본, 한국, 필리핀 등 동아시아와 동남아시아를 강타한 태풍은 1977년 이후부터 최근까지 12~15% 강력해졌다고 주장한다.

이렇게 태풍의 강도가 강해진 원인은 해수온도 상승으로 태풍에 더 많은 에너지를 공급해주었기 때문이라는 것이다. 이들은 해수온도 상승이 높은 동아시아 연안지역에 위치한 중국 동부와 대만, 한국, 일본 등은 앞으로 더 강력한 태풍의 영향을 받을 것으로 전망하고 있다. 최근 미국을 강타한 슈퍼허리케인*들의 공통적인 특징은 뜨거운 바닷물을 지나면서 급속히 강력해졌다는 것이다.

미국의 로렌스버클리국립연구소의 2018년 허리케인 연구에 의하면 대기와 해수온도 증가로 인해 태풍의 강수량이 5~10%까지 증가했다고 밝혔다. 이들은 기후변화로 인해 기온이 3~4℃가량 오를 경

슈퍼허리케인
2017년의 하비, 2018년의 플로렌스와 마이클, 2020년의 로라 등이 대표적인 슈퍼허리케인이다

우 강우량은 3분의 1, 풍속은 12.86m/s 증가할 것으로 예상했다. 강수량이 5~10% 늘어난다는 것은 엄청난 변화로, 이로 인해 발생하는 피해는 상상하기 어려울 정도이다. 그런데 비뿐만 아니라 바람의 세기까지 강해지기 때문에 미래의 태풍 피해는 극심한 재앙이 될 가능성이 높다.

지구온난화가 태풍의 발생지역도 바꾸고 있다. 미국 국립해양대기청 산하 기후데이터센터^{CDC}는 최근 30년간의 분석 결과 태풍의 에너지 최강 지점이 중위도로 옮겨갔다는 것을 밝혀냈다. 10년마다 53~56km씩 적도에서 극지방 방향으로 옮겨가면서 현재는 적도 부근에서 약 160km 멀어졌다는 것이다. 이로 인해 일본과 한국이 큰 위험에 놓일 가능성이 있다고 주장한다. 태풍의 가장 강한 지점이 중위도 지역으로 이동하고 있다면 우리나라 같은 경우 강한 태풍이 그대로 북상해 피해가 훨씬 더 커진다.

⊕ 2020년 우리나라에 영향을 준 태풍

2020년 우리나라에 상륙한 태풍은 4개이다. 필리핀 동쪽 해상에서 만들어진 5호 태풍 '장미'는 부산 인근에 상륙할 때는 열대성 저기압으로 약해졌다. 피해가 거의 없었던 태풍이다. 두 번째 태풍이 8호 태풍 '바비'이다. 8월 22일 타이완 동쪽 해상에서 발생해

3장 해수온도와 해수면 상승은 비극이다

우리나라 서해상으로 북상한 뒤 북한의 옹진반도로 상륙해 올라간 태풍이다. 가거도가 순간최대풍속이 57.5m/s를 기록했고, 제주도의 삼각봉이 507mm의 강수량을 기록했다.

우리나라에 큰 피해를 준 태풍은 세 번째와 네 번째 태풍이다. 9호 태풍 마이삭은 필리핀 동쪽 해상에서 발생해 9월 2일 제주도 인근해상을 지나 3일 새벽 3시에 부산 인근에 상륙했다. 이후 영남 동쪽 지방을 통과해 삼척 인근해상으로 빠져나가 북한 청진으로 상륙했다. 이로 인해 제주와 영남, 동해안 지역에 피해가 많았다.

10호 태풍 하이선은 괌 북쪽 해상에서 발생해 제주 동쪽 해상을 지난 후 울산 남쪽으로 상륙해 육지쪽으로 북상해 강릉남쪽에서 동해안으로 빠져나가 북한 청진에 상륙한 태풍이다. 이는 포항 등 동해안 지역에 큰 피해를 주었던 태풍이다.

그런데 2020년 태풍은 상당히 이례적이었던 태풍이었다. 2020년은 동태평양 해수온도가 낮은 약한 라니냐로, 이때는 태풍이 잘 안 만들어진다. 그런데 북상했던 8호 태풍 바비부터 마이삭, 하이선까지 해수온도가 30℃가 넘는 고수온역에서 만들어졌다. 태풍을 만드는 일반적인 조건은 없었고, 단지 바닷물온도가 높아서 자수성가형으로 만들어진 태풍들이다. 그리고 3개의 태풍 모두 우리나라 인근에서 그대로 북쪽으로 북상해 올라갔다.

특히 9호 마이삭과 10호 하이선의 경우 우리나라에 상륙해 북상한 후 동해상으로 빠져 다시 북한 청진지역으로 상륙했는데, 이런 진로는 지금까지 보인 적이 없었던 아주 이례적인 진로였다.

지구온난화가 이상진로와 이상발생조건을 만들어냈다고 할 수 있다. 참고로 미국과 서인도제도에 영향을 주는 허리케인은 2020년에 기후 역사상 가장 많은 29개의 허리케인이 만들어졌다.

폭풍해일도 강해진다

폭풍해일은 대규모로 발달된 저기압으로 인해 일어난다. 대규모 발달된 저기압의 특성은 기압이 무척 낮다는 것과 기압경도력이 강해 바람이 강력해진다는 점, 그리고 풍속이나 풍향의 변화가 크다는 점이다.

우선 기압이 낮아지면 바닷물이 상승하는 현상이 발생한다. 보통 기압이 1hPa(헥토파스칼) 낮아지면 바닷물의 높이가 1cm 정도 높아진다. 강력한 저기압의 경우 50hPa 이상 기압이 낮아지므로 최소한 평상시보다 50cm 이상 물결이 높아지는 효과가 있다.

여기에 강력한 바람으로 인해 파도는 더 높아진다. 바람이 10m/s일 경우 파고는 약 10m 정도 된다. 따라서 강한 저기압의 중심부근에서는 파고가 20m 이상 형성된다. 여기에 바람의 변위효과까지 가미되면 파고는 더 높아진다. 역사적으로 기록된 강력한 해일은 태풍이나 거대한 저기압의 영향과 함께 조석의 영향을 같이 받을 때 발생했다. 특히 바닷물이 가장 높이 올라오는 사리와 겹치면 피해는 그야말로 상상을 초월한다.

앞으로 폭풍해일은 더 자주, 더 강력하게 발생할 것이다. 지구온난화로 인해 빙산이 녹으면서 해수면이 상승하고 해수온도가 높아지면서 해상에서 대규모 저기압이 발생할 확률이 높아지기 때문이다.

3장 해수온도와 해수면 상승은 비극이다

"사막이 아름다운 건 어디엔가 샘을 감추고 있기 때문이야. 눈으로는 찾을 수 없어. 마음으로 찾아야 해." 사막이 아름답다는 이야기는 소설 『어린 왕자(Le Petit Prince)』에 나오는 말이다. 생텍쥐페리의 작품인 이 소설은 주인공인 조종사가 작은 별에서 내려온 소년과의 만남을 그리고 있다. 어릴 때 이 소설을 읽고 사막은 아름답고 꿈이 있는 곳으로 생각했던 적이 있었다. 그러나 현실에서 사막은 절망일 뿐이다.

4장

인류를 절망으로 이끄는
사막화, 가뭄, 물 부족

사막화는
절망이다

⊕ 사막화란
무엇인가?

"최근 전 세계의 정치·경제 불안정을 이루는 지역들의 공통점은?"
대부분 사막화의 영향을 받는 지역들이라는 것이다. 대규모 난민
사태를 가져온 중동의 시리아 지역, 심각한 내전으로 몸살을 앓

는 아프리카의 사헬* 지역들이 이
에 해당된다. 가뭄과 사막화로 인한
농업 파산, 초지 부족이 주원인이다.
그런데 '사막화'란 본래 강수량보다

> **사헬**
> 열대림과 사막 사이의 초원
> 지대, 아프리카의 사하라 사
> 막과 사바나지역의 중간지
> 대이다

증발량이 훨씬 많은 지역인 '사막'과는 다른 개념이다. 사막기후라고 부르는 곳은 연간 강수량이 250mm 이하로, 생명체가 살기어려운 건조지역을 말한다. 사막은 지구 면적의 10분의 1 이상이나 되며, 광범위한 위도에 걸쳐 분포한다. 사막화는 기후가 사막처럼 황폐해져 가는 개념으로 봐야 한다.

사막화로 인해 토지의 퇴화가 심각하게 진행되고 있다. 2019년 5월 〈National Geographic〉에 실린 유럽 위원회의 세계 사막화 지도에 따르면, 지구 육지 면적의 75% 이상이 이미 퇴화했으며, 2050년까지 90% 이상이 퇴화할 수 있다고 한다. 위원회 공동 연구 센터는 유럽 연합의 총 면적의 절반 크기(418만 km²)가 매년 퇴화되고 있으며, 아프리카와 아시아가 가장 큰 영향을 받고 있다고 주장한다.

유럽위원회 공동연구센터[JRC]와 유엔환경계획[UNEP]의 2018년 연구에 따르면 2040년경에는 현재 비건조 지역에 있는 대도시들 중 70% 이상이 더 건조해질 것으로 예상된다. 이들은 건조지대 지역 대도시의 43%가 사막화로 타격을 입을 것으로 전망했다. 그리고 토지 황폐화와 사막화의 주요 원인이 되는 삼림 벌채의 가속화로 인해 기후변화의 영향은 더욱 심각해질 것이라고 밝혔다.

2019년 5월 〈Down to Earth〉에 게재된 논문을 보면 토지 악화와 기후변화로 인해 2050년까지 전 세계 농작물 수확량이 10% 감소할 수 있다고 한다. 또한 인도, 중국 그리고 사하라 이남 아프리카의 지역의 사막화로 농작물 생산이 절반 이하로 줄어들

수 있다고 말한다. 이외에도 여러 연구 결과들을 보면 사막화는 미래 인류에게 절망으로 다가올 것이다.

⊕ 사막화의 원인은 무엇일까?

사막화란 사막 주변과 초원 지대에서 기후변화, 인간 활동 등에 의해 토양의 질이 낮아져 점차 사막으로 변하는 현상을 말한다. 식생의 밀도가 낮은 사막 주변의 스텝 지역은 토양 침식에 약하다. 따라서 빠른 속도로 토양이 척박해져서 다시 식생이 파괴되는 악순환이 계속된다. 이 과정에서 장기간 가뭄이 겹치면 사막화는 급속도로 진행되는데, 현재 사막화가 진행되는 곳은 지구 표면의 약 30%에 달한다.

사막화가 진행되는 원인에 관해 2020년 5월 〈Nature〉에 실린 뮤어스샌디랜드MuUs Sandy Land 지역에서 행한 연구가 있다. 이 연구에서는 사막화에 대한 인적 요인의 영향을 연구하기 위해 인구, 가축 생산, 경작지 면적을 분석했다.

1990년부터 2017년까지 인구는 평균 2.4명 증가했다. 이 지역의 인구밀도는 43.8명이었으며, 이는 유엔이 권장한 사막화 지역의 최적 최대 인구밀도의 2.1배였다. 1990년부터 2000년까지 가축의 수량은 거의 변동하지 않았으며, 2000년부터 2010년까지 평균 22만 두가 증가했다.

결국 이 지역의 많아진 인구는 가축과 식량을 더 많이 생산해야 했고 이를 위해 지하자원을 너무 많이 사용했다. 지나치게 많은 물을 사용하다 보니 사막화가 더 심해졌고 또다시 토지 생산성의 감소로 이어졌다. 이처럼 증가하는 인구 압력과 함께 악순환이 되면서 지속적으로 사막화 지역이 넓어진 것이다.

2019년 5월 〈National Geographic〉에 실린 연구에서는 기후변화가 사막화를 만든다고 주장한다. 이 연구에서 지중해 지역은 섭씨 2℃의 온난화로 급격한 변화를 겪게 될 것이며, 스페인 남부의 모든 지역이 사막이 될 것으로 전망한다. 이들은 지구온난화로 지구 지표면의 30%까지 사막화로 이어질 것으로 추정했다.

2020년 6월호 〈Nature〉에도 기후변화가 사막화를 만든다는 연구가 있다. 지구온난화로 인한 높은 기온과 가뭄은 식물이 자라는 것을 막고, 건조한 토양은 물을 잘 보존하지 못한다. 이로 인해 생물다양성 손실이 발생하면서 사막화는 더욱 가속된다는 것이다.

2050년에 산업화 이전 수준보다 1.5℃ 기온이 상승하면 지표면의 24%가 사막화되고, 만일 2℃까지 상승하면 이 수치는 32%까지 올라간다. 결국 사막화는 자연적 원인(기온 상승, 가뭄)과 인위적 원인(과도한 방목 및 경작, 관개, 삼림 벌채, 환경오염) 등이 결합해 진행되고 있다.

⊕ 사막화는
많은 피해를 부른다

사막화가 되면 어떤 피해가 발생할까? 가장 심각한 점은 사막화가 이루어지는 지역에서의 생물종이 사라진다는 것이다. 또한 식생이 무너짐으로 인해 토양침식이 확대된다. 사막화가 진행되면 토양 내에 염류가 많아지면서 땅이 황폐해지고, 농작물의 생산이 줄어 식량난이 일어난다. 그리고 사막화로 인해 삼림이 사라지면서 기후가 변한다. 즉 지표면의 태양에너지 반사율이 증가하면서 지표면이 냉각되어 온도가 낮아진다. 차가워진 지표면에는 고기압이 자리 잡으면서 건조한 하강기류가 형성되고 강우량이 줄어들게 된다. 결국 토양의 수분이 적어지므로 사막화는 더욱 빠른 속도로 진행되는 악순환이 발생하는 것이다.

2020년 6월 〈Nature〉에 실린 논문에서도 사막화로 인한 피해 내용이 나온다. 첫째, 농지의 가용성이 감소한다. 식량생산의 감소와 함께 불균등한 공급문제가 발생하면서 식량 가격 상승으로 일부 국가에서는 기아가 발생할 수 있다. 둘째, 사막화는 기후난민을 만들어낸다. 인구가 살고 있는 생태계가 사막으로 변하면 빈곤과 경제적 고통이 다가오면서 많은 사람들이 이주할 수밖에 없게 만든다. 셋째, 우리는 아프리카 국가가 사막화에 가장 심각한 것으로 알고 있지만 유럽 국가도 사막화의 강력한 영향을 받고 있다. 이 논문에서는 현재의 추세가 계속된다면, 남유럽의 많은 국가(이탈리

4장 인류를 절망으로 이끄는 사막화, 가뭄, 물 부족

아, 스페인, 그리스, 포르투갈 등)들이 궁극적으로 사막화될 것으로 전망한다.

2020년 1월 〈Britannica〉에 실린 논문에서는 지금 사막화가 심각하게 진행되고 있다고 밝혔다. 이들은 지구 육지의 절반이 약간 안 되는 5,400만 km² 지역이 건조지대이며, 이러한 건조지대에는 세계에서 가장 가난한 나라들이 많이 분포하고 있다고 한다. 사막화의 위험은 100개 이상의 국가에 걸쳐 있는데, 특히 생계형 농업이 영향을 받는 가난한 나라가 많이 포함되어 있기에 더 불행한 사태가 발생한다고 주장한다.

유엔환경계획UNEP은 사막화가 3,600만 km²의 땅에 영향을 미치면서 국제적으로 중요한 이슈가 되었다고 밝혔다. 유엔 사막화 방지 협약은 2억 5천만 명의 사람들이 사막화에 의해 영향을 받고 있으며, 2045년까지 1억 3,500만 명이 추가로 기후난민이 되면서 인류가 직면한 가장 심각한 정치·경제 문제가 될 것이라고 예상하고 있다.

그렇다면 기후변화로 인한 사막화는 되돌릴 수 없는 것일까? 2019년 11월호 〈World Atlas〉에 실린 논문에 의하면 사막화는 아프리카에서 가장 흔한 현상이지만 지구 표면의 절반, 100개 이상의 국가, 그리고 세계 인구의 3분의 1에 영향을 미치고 있다고 한다. 인구 증가, 천연자원 개발, 부적합한 농업관행, 기후변화 등의 결과로 지난 60년 동안 토지가 사막화되고 있다. 사막화와 인간의 환경파괴로 물이 부족해지고, 동식물원이 사라지며, 천연자원이 제한되어 갈등·이주·기근·빈곤 등이 발생한다. 특히 토지 퇴화와 사막화로 인해 현재 20억 명 이상이 영향을 받고 있으며, 앞으로 더욱 심각해질 것으로 본다. 획기적인 대책이 없는 한 사막화는 필연적인 수순이라는 것이다.

⊕ 사막화를 반드시 막아야만 한다

많은 사람들은 사막화를 막는 것이 기술적으로 불가능하기 때문이 아니라 이미 퇴화된 환경을 복구하는 데 많은 비용이 들기 때문에 사막화를 되돌릴 수 없다고 생각한다. 그러나 사막화를 막지 못하면 결국 전 세계적으로 엄청난 부담이 된다. 그래서 2019년 11월호 〈World Atlas〉에서는 사막화를 막는 방법에 관한 논문이 실렸다. 이들은 사막화를 예방하는 것이 가장 중요하다고 말한다.

사막화를 막기 위해서는 어떻게 해야 할까? 첫째, 지역, 국가, 그리고 세계적인 수준의 입법 정책에 의해 뒷받침되는 지속 가능한 토지 관리가 필요하다. 둘째, 나무를 심어야 한다. 식물을 지원하는 생태계는 다른 생물들을 수용할 수 있고, 자연적인 복원 과정을 시작할 수 있기 때문이다. 좋은 예로 중국 내몽골 쿠부키 사막은 1만 8,600km² 이상이나 된다. 중국 정부와 개인들이 나무를 심고 사막화를 막는 캠페인을 시작했다. 5년 안에 놀라운 변화가 이루어졌고, 사막은 10년 안에 50%나 줄어들었다.

사막화를 막는 획기적인 방법을 사용하는 지역이 있다. 바로 아프리카이다. 전 세계에서 가장 분쟁이 많은 지역, 가뭄으로 가장 많은 난민이 발생하고 식량부족으로 많은 주민들이 기근에 처해 있는 지역, 바로 이곳이 아프리카의 사하라 사막 남쪽 사헬지대이다. 북쪽의 사하라 사막이 기후변화로 매년 남쪽으로 확장되면서 산림이 사라지고 사막화가 진행되고 있다. "사하라 사막에 인접한 알제리의 경우 산림 면적이 국토의 1%도 채 남지 않았으며, 국토의 50%가 산림이었던 에티오피아는 이제 2.5%의 산림만 남아 있습니다." 유엔환경계획의 발표처럼 사막화가 심각해지자 UN 산하 식량 농업기구는 사헬 지역 주민 2천만 명이 기아에 직면하고 있다고 전망했다.

이에 아프리카 연합은 2007년에 기발한 발상을 제안한다. 아프리카 11개 나라를 가로지르는 초대형 숲을 만들어 기후변화와 지속적인 사막화로 황폐해진 사하라사막 남쪽 지역을 복구하자는 것이다. '사하라 & 사헬 이니셔티브 Sahara and Sahel Initiative'라 불리는 이 프로젝트는 에티오피아, 말리 등 아프리카 20여 개국이 참여했다. 아프리카 서쪽 끝의 세네갈에서 동쪽 끝의 지부티까지 폭 15km, 길이 7,775km에 해당하는 어마어마한 숲의 장벽을 만들겠다는 것이다. 중국의 만리장성보다 1,300km 더 길다 보니 '아프리카의 만리장성'이라고 부르기도 한다.

세계은행 등 수많은 파트너 기관들이 약 4조 8천억 원의 자금

그림7 아프리카를 동서로 가로지르는 녹색장벽(초록색이 녹색장벽임)

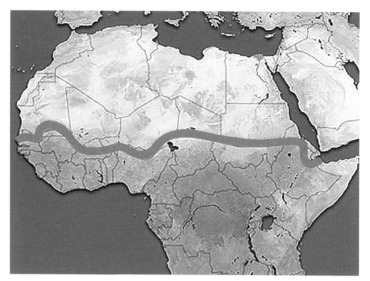

자료: 케이웨더

을 지원해 프로젝트가 시작되었다. 이후 2016년 '그린 월 컨퍼런스'에서 각국과 파트너들이 추가로 4조 8천억 원을 지원하기로 했으며, 2021년에 프랑스 등의 파트너 기관들이 추가로 17조 원의 기금을 지원하기로 약속했다. 사막화가 진행되는 비극의 땅이 희망의 땅으로 바뀌는 것이다.

이들의 목표는 나무 장벽을 만들어 토양을 안정시키고, 바람으로부터의 건조화를 막고, 미세 기후를 회복시켜 사하라사막의 남진을 막고 녹색장벽 주위에서 식량 작물이 자랄 수 있도록 하는 것이다. 많은 나라에서 황폐된 땅이 살아나면서 니제르의 경우 곡물생산만 연간 50만 톤이 생산되고 이것은 250만 명분의 식량이라고 세계식량기구가 밝혔다. 시리아 난민처럼 기후난민으로 떠날 수밖에 없던 사헬 지역 주민들이 정착함으로써 세계적으로도 경제적·정치적인 안정에 기여하는 가히 혁명적인 프로젝트다.

이들은 녹색대장벽Green Great Wall 프로젝트에 주민들을 대거 참여시킨다. 식목뿐만 아니라 관리도 중요하기 때문이다. 유엔 사막화방지협약은 이 프로젝트를 통해 2030년까지 1억 ha의 황폐지를 복원하고 대기 중 2억 5천만 톤의 탄소를 제거하는 한편 최소 35만 개의 농촌 일자리를 창출할 수 있다고 발표했다.

아프리카의 만리장성을 본 인도 정부가 자기들도 녹색장벽을 설치하겠다고 나섰다. 수도 뉴델리 서쪽에 폭 5km, 길이 1,400km의 '녹색장벽'을 설치해 타르사막의 남진을 막겠다는 것이다. 기후변화 중 하나인 사막화는 이제 수많은 나라들에겐 생존의 문제다. 이를 해결하려는 이들의 노력은 그만큼 기후변화가 심각하다는 방증이다.

대가뭄과
기후난민

미래학자들이 가장 염려하는 것은 태풍이나 집중호우, 쓰나미가 아니다. 눈에 보이는 홍수와 태풍은 사자나 늑대의 공격 정도다. 사실 더 무서운 것은 은밀하고 완만하게 닥치는 가뭄이다. 가뭄은 비가 오랫동안 오지 않거나 적게 오는 기간이 지속되는 현상이다. 기후학적으로는 연강수량이 기후 값의 75% 이하이면 가뭄으로 분류하고, 50% 이하이면 심한 가뭄으로 분류한다.

역사를 보면 가뭄은 대기근을 가져오면서 찬란했던 고대문명을 수도 없이 몰락시켰다. 메소포타미아 문명, 인더스 문명, 마야 문명, 앙코르와트 문명 등을 말이다. 가뭄으로 인한 대기근은 세계의 역사를 바꾸어왔다. 대표적인 대기근으로는 아일랜드의

1845~1849년 기근(100만~125만 명 사망), 소련의 1932~1934년 기근(500만 명 사망), 인도 벵골의 1943~1946년 기근(300만 명 사망), 중국의 1958~1961년 기근(1,650만~2,950만 명 사망) 등이 있다.

⊕ 심각한 위기상황인 가뭄의 피해와 영향

"가뭄은 '지구의 죽음Death Of the Earth'이다." 시인 T.S. 엘리엇Eliot 은 가뭄이야말로 지구 생명에 필요한 물이 사라지기 때문에 죽음이라고 했다. 과학자들도 가뭄을 심각하게 본다. 2020년 4월 〈Science〉에 게재된 논문에서는 기후변화는 가뭄도 그냥 가뭄에 머물지 않게 하고 '메가 가뭄Mega Drought'으로 악화시키고 있다고 주장한다. 거대가뭄은 단순한 가뭄이 아니라 수천만 명이 넘는 인류가 기근 상황으로 내몰리는 심각한 위기상황이다.

2020년 9월 미국국립생물정보센터NCBI의 온라인판에 실린 연구 내용을 보자. 1983년부터 2009년까지 전 세계적으로 식량 생산이 가능한 토지의 4분의 3(4억 5,400만 ha)은 가뭄으로 수확량이 줄었는데, 경제적으로 약 1,660억 달러의 손실이었다고 한다. 그리고 미국 전체 육지 면적의 거의 10%가 지난 세기 동안 극심한 가뭄에 시달렸다. 특히 2020년에는 전 세계를 휩쓴 코로나19 바이러스로 인해 가뭄의 피해가 증폭되었다. 2020년에 가뭄 피해가 심했던 미국 서부, 호주 남동부, 동남아시아, 그리고 남아메리카, 아프리카, 유럽의 많은 지역은 가뭄과 코로나라는 두 가지 재난이 발생했다. 가뭄은 농작물 수확과 농장 수익을 감소시키고, 코로나19는 식량 분배와 수요를 막았다.

2018년 12월 미국 스탠포드대학교의 홈페이지에 실린 내용도 심각하다. 연구진은 지구온난화로 인해 어느 지역에서는 길고 건조한 가뭄이 이어지고, 다른 지역에서는 위험한 홍수가 일어날 수 있다고 밝혔다. 가뭄이 이어지는 지역은 깨끗한 식수가 부족해지면서 인류의 건강을 위협하고, 강과 하천의 유량이 줄어들기에 오염물질 농도가 높아진다. 먹을 물이 사라지면 동물들이 마실 물을 찾아 사람들이 사는 곳으로 내려오면서 야생 동물이 가진 병균의 영향을 더 많이 받게 된다. 또한 가뭄으로 인해 폐나 기도의 염증을 유발하는 산불과 먼지 폭풍의 위험도 높아질 것으로 예상했다.

특히 가뭄은 가난한 개발도상국가들에게 더 치명적이다. 개발도상국의 시골 지역들은 식량을 생산해 인근 도시들을 먹여 살린다. 가뭄이 들면 자신뿐만 아니라 인근 도시 주민까지 기근에 빠진다. 그런데 가난한 나라들은 돈이 없어서 외국으로부터 식량을 구입하기가 어렵다. 결국 장기화된 가뭄은 대기근을 가져오고, 삼림 벌채를 포함한 천연자원이 고갈되면서 사람들이 자기가 살던 지역을 떠나는 기후난민으로 전락한다. 이런 상태를 보고 국제 비영리 환경단체 워터에이드WaterAid는 가난한 국가들이 세계적인 기후 대책 실패의 대가를 가장 많이 치른다고 주장하는 것이다.

4장 인류를 절망으로 이끄는 사막화, 가뭄, 물 부족

문제는 앞으로가 더 비관적이라는 것이다. 2020년 4월호 〈Science〉의 가뭄 관련 자료를 보면 "미래에 다가올 가뭄은 최근 수십 년 동안보다 더 자주, 더 심각하게, 더 오래 지속될 가능성이 크다"면서 이를 해결하기 위해서는 온실가스 배출을 적극적으로 줄이는 방법 외에는 없다고 주장한다.

⊕ 전 세계가 가뭄에 고통당하고 있다

2020년이 시작되면서 가뭄으로 고통당하는 나라들의 소식이 이어졌다. 2018년부터 가뭄이 지속된 유럽은 2020년 초 겨울에도 눈이 내리지 않아 가뭄 피해가 나타났다. 지속적으로 가물었던 체코는 2020년 봄 전국 저수지의 80%가 가물었고, 5월 표층 토양 수분도 평소보다 최소 30% 이상 낮았다. 기후학자들은 체코의 가뭄을 '500년간 최악의 가뭄'이라고 말한다. 우크라이나도 강들의 수위가 역대급으로 낮아지면서 140년 만의 가뭄이 찾아왔다. 폴란드도 100년 만에 최악의 가뭄으로 많은 지역에서 농사를 짓지 못하고 있으며, 물 부족으로 수력발전이 불가능해지면서 전력 생산에도 차질을 빚고 있다.

2020년 6월 미국 항공우주국^{NASA}은 미국 서부지역과 유럽 전 지역에서 지표면에 수분이 부족하고 지하수가 고갈되었다고 발표했다. 이들이 위성 관측 자료를 이용해 만든 이미지는 이 지역이 '평소보다 물이 적음'을 나타내는 갈색으로 칠해졌다.

유럽뿐만 아니라 동남아시아 국가들도 가뭄 피해가 늘어나고 있다. 2020년 4월 아시아태평양경제사회위원회UNESCAP는 홈페이지에서 동남아시아 국가들의 가뭄 피해지역이 늘어날 것으로 전망했다. 지난 30년간 심각한 가뭄으로 동남아시아 지역의 6,600만 명이 피해를 입었는데 2050년까지 베트남, 캄보디아와 태국 동남부, 인도네시아 자바섬 지역으로 가뭄피해 지역이 확대될 것으로 예상했다. 이들은 2071년부터 2100년 사이에는 동남아시아의 거의 대부분 국가가 가뭄 피해를 겪게 될 것으로 예측했다.

전 세계적으로 가뭄과 식량부족 사태가 발생하면서 유엔 세계식량계획WFP은 2020년 4월에 홈페이지에서 코로나19로 인해 전 세계적 규모의 식량 대기근이 일어날 것으로 경고하고 나섰다. 데이비드 비즐리 WFP 사무총장은 "2020년 말까지 코로나19로 인해 지금보다 2배 이상인 전 세계에서 2억 6,500만 명이 기아에 가까운 상태에 처하게 될 것이며, 30개 이상의 개발도상국에서 대대적인 기근이 발생할 것이다. 이 중 10개 국가에 거주하는 약 100만 명은 이미 기아에 가까운 상태에 놓여 있다"고 주장하기도 했다.

그러나 유럽과 동남아시아보다 더 심각한 곳이 바로 아프리카이다. 안토니오 구테흐스Antonio Guterres 유엔 사무총장은 "분쟁과 가뭄의 영향을 받은 콩고, 예멘, 나이지리아 북동부, 남수단 등

4개국에서 기근으로 인해 수백만 명의 목숨이 위험하다"고 경고
했다. 2020년 10월 〈Nature〉에서도 에티오피아, 소말리아, 케냐
가 극심한 가뭄에 직면하고 있다는 보고서를 내놓았다.

이 보고서의 내용은 다음과 같다. '라니냐 기후 순환은 동아프
리카에 엄청난 가뭄과 배고픔을 가져다주며, 에티오피아, 소말
리아, 케냐의 수백만 명의 생명과 생계를 위협합니다. 기후 모델
과 지구 관측을 이용한 가뭄 예측에서 2020년 10월부터 2021년
5월까지 가뭄이 이어질 가능성이 높습니다. 현재 소말리아, 에티
오피아, 케냐 전역에서 1,200만 명 이상의 사람들이 인도주의적
원조를 절실히 필요로 하고 있습니다.' 정말 우리가 생각하는 이
상으로 가뭄이 전 세계적으로 심각하다.

그런데 흥미로운 점은 가뭄이 지구온난화를 가져오는 온실가
스를 증가시킨다는 것이다. 스위스 취리히연방공과대[ETH] 연구팀
은 "가뭄이 오면 스트레스 때문에 식물과 토양, 바다 등이 탄소를
적게 흡수해 대기 중 이산화탄소 농도가 더 빨리 상승한다"고 주
장했다. 미국 스탠퍼드대학의 연구에서도 2020년 가뭄으로 지역
발전소를 가동하면서 이산화탄소가 증가했다고 밝혔다. 수력 발
전소가 청정 에너지 포트폴리오에서 핵심 위치를 차지하는 국가
에서는 가뭄이 극심하면 천연가스나 석탄 기반 화력 발전이 수력
발전 부족분을 메우면서 이산화탄소 배출량이 증가하는 것이다.
이 이야기는 지구온난화로 가뭄이 오면서 온실가스가 더 많이 배
출되는 악순환이 발생한다는 뜻이다.

⊕ 지구온난화는
기후난민을 부른다

〈기후난민표류기〉라는 독일 영화가 있다. 영화의 줄거리를 보자. EU 국가들 가운데 기후난민의 이주를 허가하는 곳은 덴마크뿐이다. 한 무리의 기후난민들이 덴마크로 가려다 엉뚱하게 독일에 도착하고, 예기치 못한 상황들이 계속 발생한다. 서둘러 배로 돌아가기 위해 해변으로 달려가는 난민들. 하지만 그들을 맞이하는 건 바다를 가득 메운 또 다른 요트들이다. 기후변화가 계속돼 지구의 기온이 2℃ 이상 오르면 2050년경에는 기후 난민이 2억 명에 달하리라는, 우리의 어두운 미래를 앞당겨 그린 영화다.

2018년 5월에 국제 빈민구호단체 옥스팜이 〈기후변화로 인한 재해가 지난 10년간 기후난민을 발생시키는 가장 큰 요인〉이라는 보고서를 발표했다. 이에 따르면 매년 2천만 명에 달하는 사람들이 집을 잃고 이재민 혹은 난민이 되고 있으며, 이는 온실가스 배출량이 적은 저소득 국가에서 특히 심각하게 발생한다는 것이다. 이에 세계식량기구 사무총장인 그라지아노 다 실바는 "세계 인구가 증가하는데 식량생산이 부족해지고 있다. 높은 이산화탄소의 영향으로 밀은 아연이나 비타민A와 같은 단백질과 미네랄이 적어 영양이 감소하게 된다. 결국 옥수수 가격은 3분의 1이나 인상되고 밀은 2배로 오를 것으로 예상된다"고 주장했다. 세계식량기구는 기온 상승과 변덕스러운 날씨가 숲과 해양의 건강을 해치면서

4장 인류를 절망으로 이끄는 사막화, 가뭄, 물 부족

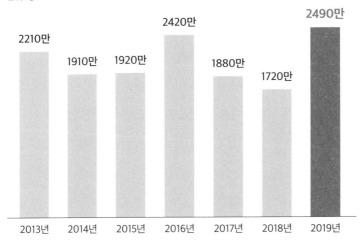

그림8 자연재난으로 발생하는 기후난민 수

단위: 명

2013년 2210만
2014년 1910만
2015년 1920만
2016년 2420만
2017년 1880만
2018년 1720만
2019년 2490만

자료: 국내난민감시센터(IDMC)

2005년 이후 기아에 허덕이던 나라 중 거의 40%가 같은 기간 극심한 가뭄에 시달리고 있다고 밝혔다.

2019년 6월 미국 스탠퍼드대학교 연구팀은 〈Nature〉에 연구 논문을 게재했다. 20세기에 일어난 무력충돌의 최대 20%가 기후변화와 그에 따른 가뭄 등 극한기후에 의해 일어났으며, 그 영향은 21세기 들어 점점 더 가파르게 증가하고 있다는 것이다. 유엔난민기구UNHCR는 2019년에만 터전을 잃은 인구는 7,950만 명이었다고 밝혔다. 세계은행은 2020년 6월 World Bank에 실린 논문에서 농사 실패와 물 부족, 해수면 상승 등 지구온난화 피해로 2020년에는 1억 4,300만 명의 인구가 기후 난민이 될 것으로 예상했다. 이 숫자는 세계 인구의 2.8%에 해당한다. 가난한 국가의 사람들에게는 큰 비극이다.

　많은 사람들은 기후난민이 아프리카나 중동의 문제만이라고 생각한다. 그러나 그렇지 않다. 중남미 국가들도 가뭄으로 인해 미국으로 이주해 가려고 한다. 방글라데시 사람들은 목숨을 걸고 인도로 넘어간다. 네팔과 몽골에도 기후난민이 증가하고 있다. 남태평양국가들처럼 해수면 상승으로 기후난민이 생기는 경우도 있다. 기후난민 문제는 더 이상 남의 문제가 아니다. 머지않아 우리에게도 직접적으로 다가올 문제가 될 것이다.

✥ 재스민 혁명과 시리아 난민 사태를 부른 것은 가뭄이다

"재스민 혁명˚은 민주화 혁명이 아닌 기후변화 때문에 일어난 것이다." 블룸버그 통신의 주장이다. 2010년 전 세계적으로 가뭄 등 기상이변으로 인한 식량 감산이 줄을 이었다. 식량 수출 국가이던 러시아가 식량 수출을 중단했다. 세계의 식량 가격은 폭등했고, 가난한 나라들은 심각한 어려움을 겪었다. 재스민 혁명이 발생한 튀니지는 전체 국민의 80% 이상이 극빈층으로

> **재스민 혁명**
> 2010년 12월 북아프리카 튀니지에서 발생한 민중 혁명으로, 튀니지의 국화(國花) 재스민의 이름을 따서 재스민 혁명이라 불린다

　　　　4장 인류를 절망으로 이끄는 사막화, 가뭄, 물 부족

하루 한 사람의 생활비가 1~2달러밖에 안 된다. 식량 가격이 폭등하면서 빵값이 오르자 자식들이 굶는 것을 보다 못한 국민들이 들고 일어선 것이다. 국민혁명의 불을 지핀 것은 바로 식량부족을 가져온 대가뭄이었다.

2015년부터 유럽을 가장 곤혹스럽게 만든 것이 시리아 난민이다. 중동지역에 2007년부터 2012년까지 극심한 가뭄이 들었다. 가뭄이 이어지면서 시리아 북부 농촌지역에선 2007년 130만 명이 흉작을 겪었고, 가축의 85%를 잃었다. 먹고 살길이 없었던 농촌 인구가 대거 도시로 몰려들었다. 2002~2010년 다마스쿠스, 알레포 등의 인구는 8.9% 늘어 1,380만 명으로 급증했다.

농촌에서 도시로 몰려든 사람들은 최빈민층으로 전락하면서 생존을 위해 각종 범죄를 저질렀다. 기존 거주자들의 불만이 커지면서 시위에 나섰고, 이 갈등이 종파갈등으로 옮아 붙었다. 여기에 불을 붙인 IS 테러단체로 인해 더 이상 시리아에서 산다는 것이 불가능해지자 수많은 사람들이 유럽으로 몰려가면서 심각한 정치적 문제가 된 것이다.

물 부족은 인류의 삶을
파괴한다

경제학자 아담 스미스^{A.Smith}는 '물과 다이아몬드의 역설'을 이야기한다. 사람들이 살기 위해 가장 필요한 것이 물이다. 그런데 어느 나라나 물 값은 거의 공짜다. 반면에 장식용으로밖에 사용할 수 없는 다이아몬드는 엄청난 가격으로 거래된다. 그는 '재화의 희소성과 교환가치'라는 개념을 도입해 이 현상을 설명한다. 즉 물을 사용함으로써 얻게 되는 가치는 크다. 그러나 너무 흔하기 때문에 그 가치만큼 값을 치르지 않아도 쉽게 구할 수 있다. 그러나 다이아몬드는 너무 희소하기 때문에 엄청난 교환가치를 가진다는 것이다.

그런데 만약 아담 스미스가 지금 시대에 산다면 조금 다르게 말할 것이다. 물의 가치가 전보다 훨씬 높아졌기 때문이다. 유럽에 가서 물을 사려면 500ml에 2유로 정도 주어야 한다. 그러나 휘발유 1리터는 1유로가 채 안 된다. 기름 값보다 물 값이 더 비싼 세상이 오고 있는 것이다.

⊕ 인간의 탐욕으로 물이 사라진다

프레드 피어스Fred Pearce의 『죽음의 강』을 읽으면서 큰 충격을 받았다. 저자는 강물이 줄어드는 64개국 현장을 다니면서 체험한 생생한 이야기를 풀어놓는다. 강들이 말라가고 물이 사라지는 원인에 대해 피어스는 인간의 탐욕이라고 말한다. 댐이라는 콘크리트의 구조물로 물길을 바꾸고 좁은 수로에 가둬두는 통제 욕망 때문이라는 거다. 인간의 탐욕으로 물이 사라진다는 것이다.

우리가 살아가는 데 가장 중요한 물질이 물이다. 물은 지구상의 어느 곳에서도 존재한다. 빙하나 강, 호수는 물론 공기나 땅에도 물은 존재한다. 이 중 가장 많은 양의 물을 보유하는 곳이 해양이다. 지구상에 존재하는 물은 모두 1.36억 km^3 정도 된다. 이 중 97.2%가 바다에, 2.15%가 빙하나 눈으로 저장되어 있다.

우리가 생활에서 사용하는 호수나 강, 지하수에 저장된 물의 양은 놀랍게도 1% 미만이다. 러시아의 수문학자 이고르 알렉산더

시클로마노프^{Shiklomanov}는 그 1%의 4분의 3이 신선한 지하수라고 말한다. 대기 중에 있는 구름, 수증기, 비는 모두 합쳐서 1%의 100분의 1에 불과하다. 인류가 건강하게 사용할 수 있는 물이 정말 부족한 것이다.

2020년 3월 World Vision 홈페이지에 실린 세계 물 위기의 역사를 보면, 1800년대에 와서 물 부족이 역사 기록에 처음 나타난다. 1866년에 미국에는 136개의 공공수도가 있었지만 세기가 바뀔 무렵에는 3천 개로 늘어났다. 1900년 이래로 110억 명 이상의 사람들이 가뭄으로 죽었고, 가뭄은 20억 명 이상의 사람들에게 영향을 주었다. 1993년에 와서야 유엔총회는 3월 22일을 '세계 물의 날'로 지정한다.

2005년에는 세계 인구의 약 35%가 만성적인 물 부족을 경험하는데, 이는 1960년의 9%에서 증가한 것이다. 2013년에 유엔은 수십억 명의 사람들이 여전히 물 부족으로 적절한 위생시설을 이용할 수 없다는 세계적인 문제를 강조하기 위해 11월 19일을 '세계 화장실의 날'로 지정했다.

물의 심각성에 대해 세계기상기구는 2020년 7월 2일 물과 기후 행동에 동력을 구축하기 위한 물기후연합 계획과 관련한 가상 외교 브리핑을 개최했다. 이 연합은 유엔 파트너와 회원국, 기부 정부, 민간 부문, 비정부 기구, 금융 기관들을 한데 모을 계획이다.

여기에서 페테리 탈라스^{Petteri Taalas} WMO 사무총장은 물의 문제를 강조했다. "물 스트레스는 세계적인 문제로 경제, 건강, 웰빙에 부정적인 영향을 미치고 세계 대부분 지역의 미래 GDP에 위협을 준다. 식량 불안과 배고픔이 다시 한 번 증가하고 있다. 인구 증가와 기후변화는 특히 중동, 아프리카, 아시아의 일부 지역에서 물 부족에 직면한 사람들의 수를 증가하게 만들 것이다." 기후변화와 함께 물 부족이 가난한 국가들에게 치명타를 안길 것이라는 얘기다.

⊕ 물 부족 현상은 너무나 심각하다

"2050년쯤이면 지구촌 4명 중 1명 정도가 물 부족에 직면할 것이다." 2018년 5월 7일부터 9일까지 스위스 제네바에서 국제수문학회의가 열렸다. 여기에서 전문가들은 기후변화 등으로 물 부족 문제는 더 심각해질 것이라고 전망했다. 따라서 물 부족으로부터 인류를 지키기 위해 물 예측과 관리 등의 실질적 행동에 나서야 한다고 주장했다.

"2050년에 이르면 전 세계 4명 중 1명은 고질적 물 부족에 시달리고 매년 홍수 등으로 1,200억 달러 이상의 비용이 발생할 것이다. 물 부족에 의한 가뭄은 경제 성장을 떨어트리는 등 물의 지속가능한 관리가 이루어져야 한다." 해리 린스 Harry Lins 세계기상기구 수문위원회 위원장의 말처럼 물 문제는 정말 심각하다.

세계보건기구는 매년 오염된 물로 인해 태어난 지 한 달 이내에 숨지는 신생아가 50만 명이 넘는다고 밝혔다. 결국 물 부족 문제가 인류가 직면한 최대 위기라는 것이다. 세계 인구는 급증하고 가뭄과 수질저하 문제까지 불거져 지역·국가 간 갈등이 심화하고 있어 '물 확보 전쟁'으로까지 비화할 수 있다고 전문가들은 보고 있다. 경제평화연구소가 분석한 물 부족, 인구 증가, 자연재난 등의 생태 위협 상황을 반영한 지도에서도 세계 많은 나라들이 위험한 지역으로 표시되어 있다.

"물이 말라간다… 전 세계 4분의 1 극심한 물 부족", 2019년 8월 7일 뉴스1의 보도 제목이다. 기사는 인도부터 이란, 보츠와나까지 전 세계 인구의 약 4분의 1이 살고 있는 17개 국가들이 심각한 물 부족에 시달리고 있다고 보도했다. 물 부족 위기에 능동적으로 대처하지 않을 경우 해당 지역의 모든 물이 수십 년 안에 고갈될 수 있다는 경고도 함께 제기했다.

2019년 세계자원연구소 보고서에서는 2018년 말을 기준으로 전 세계 33개 주요 도시의 약 2억 5,500만 명이 극심한 물 부족 위기에 직면해 있다고 나와 있다. 극심한 물 부족 도시 수는 오는 2030년이면 45개까지 증가하고, 4억 7천만 명이 극도의 물 부족을 겪을 것으로 예상된다고 한다.

2020년 3월 월드비전 리포트는 전 세계적으로 8억 4,400만 명의 사람들이 깨끗한 물을 얻지 못하고 있다고 밝혔다. 깨끗하고 쉽게 구할 수 있는 물이 없는 곳의 가족과 지역사회는 대대로 가난에 갇혀 살게 되며, 아이들은 학교를 중퇴하고 부모들은 생계를 위해 고군분투한다고 말한다.

물을 구하지 못하는 여성과 아이들은 최악의 영향을 받는 것이 아이들이 더러운 물의 질병에 더 취약하기 때문이다. 그리고 여성과 소녀들은 약 2억 시간 동안 그들의 가족을 위해 물을 나르는 짐을 지게 된다.

물을 나르기 위해 매일 6km를 걸으며, 매일 800명 이상의 5세 이하의 어린이들이 나쁜 물과 위생 때문에 설사로 죽는다고 말한다. 2050년까지, 적어도 4명 중 1명은 만성적이거나 반복되는 담수 부족의 영향을 받는 나라에서 살게 될 것으로 전망한다.

페테리 탈라스 WMO 사무총장은 "수해, 가뭄, 해안 침수, 빙하 녹기, 산불 등 기후변화의 영향을 물을 통해 느끼고 있다. 물 스트레스는 세계적인 문제이다. 물 부족은 경제, 건강, 웰빙에 부정적인 영향을 미치고 세계 대부분 지역의 미래 GDP에 위협을 준다. 인구 증가와 기후변화는 특히 중동, 아프리카, 아시아의 일부 지역에서 물 부족에 직면한 사람들의 수를 증가시킬 것이다. 세계기상기구가 주도하는 '물과 기후연합'은 이런 문제를 해결하기 위해 힘을 합쳐 나갈 것이다"라고 하면서 물 문제가 해결되지 않으면 저개발국가들에게 큰 비극이 될 것이기에 전 지구인 모두가 힘을 합쳐 해결해야 한다고 말한다.

물 부족으로 인한 오염도 심각하다

유엔은 2050년 중동·북아프리카 지역의 1인당 물 사용 가능량이 50%까지 줄어들 것으로 예상한다. 마실 물이 절대적으로 부족해지면 질병은 자연적으로 늘어난다. 각종 세균이 득실거리는 물이라도 먹어야 살 수 있기 때문이다. 오염된 물은 수인성 전염병을 창궐시킨다. 국제구호단체 월드비전의 2020년 3월 자료에 따르면, 매일 20초마다 어린이 한 명이 수인성 질병 때문에 사망하고 있다. 세계보건기구는 개발도상국에서 발생하는 질병의 약 80%는 이처럼 물과 관련이 있다고 말한다.

180만 명의 5세 이하 어린이들이 더러운 물로 인해 죽어간다. 어린이들 사망 원인의 30%는 수인성전염병의 일종인 설사증이다. 물로 인한 사망자의 88%는 아프리카와 동남아시아에서 발생하고 있다.

또 하나의 비극이 있다. 국제구호단체들이 인도의 강물이 마르면서 물 부족에 시달리자 90만 개 이상의 우물을 파 주었다. 우물은 가난한 사람들에게는 생명수였다. 그런데 문제는 지하 암반에 들어 있던 비소까지 끌어올리는 바람에 수많은 인도인들이 중금속 중독에 시달리게 되었다는 것이다. 방글라데시의 경우 2,500만 명이 비소에 오염된 치명적인 물을 먹고 있다. 베트남도 경제개발로 메콩강 상수원이 오염되어 주민들이 오염된 지하수를 마신다. 세계보건기구는 비소 오염수 문제를 인도 보팔 독가스 누출사고(사망자 1만 5천 명)를 넘어서는 환경재앙의 비극으로 보고 있다. 깨끗한 물을 마실 수 있는 권리가 모든 사람들에게 실현되었으면 한다.

"세계에서 조림에 가장 성공한 나라는?" 세계적인 산림전문가들은 대개 한국과 이스라엘을 꼽는다. 우리나라의 경우 같은 나라인데도 북한과 비교하면 천국과 지옥이라는 표현까지 사용한다. 우리나라는 산림이 풍부하다 보니 자연재해로 인한 피해가 북한에 비해 훨씬 적고, 생활환경도 우수하다. 그런데 이처럼 인류의 삶을 풍요롭게 해주는 산림이 매년 엄청나게 사라지고 있다. 최악의 산림파괴의 주범은 바로 대형산불이다.

환경파괴의 끝판왕인
대형산불

기후변화가 부른
북극권 대형산불

✤ 2018년의 대형산불은
기후변화가 원인이었다

미국 캘리포니아대 어바인캠퍼스 연구진은 2018년 8월 〈Science Advanced〉에 게재한 논문에서 "건조한 가뭄지역의 경우 기온이 다른 지역보다 4배가량 더 빨리 상승하기 때문에 지구온난화 진행속도가 훨씬 빠르다. 가뭄과 고온이 동시에 겹치면서 대형산불과 농업 인프라 붕괴 등 극단적 재앙을 초래할 수 있다"고 주장했다.

2018년에는 극심한 대형산불이 전 세계를 강타했다. 2018년 8월, 미국 캘리포니아에서 역대 최악의 산불 기록이 세워졌다. 캘리포니아 주 샌프란시스코 북쪽의 멘도시노 콤플렉스^{Mendocino} Complex 산불이 2017년 벤투라 산불의 기록을 갱신한 것이다. 무려 29만 692acre(1,176km²)의 지역이 불타버렸고 이는 서울 면적의 2배나 된다. 전문가들은 이 산불의 원인으로 낮은 습도, 강한 바람, 극심한 폭염 등을 꼽았다.

호주도 2018년에 대형산불이 많이 발생했는데, 뜨겁고 건조한 날씨가 이어진 것이 가장 큰 원인이었다. 호주 기상의 기온이 1910년 이래 가장 높았다고 발표했다. 2018년 7월에는 유럽의 스칸디나비아반도와 그리스의 산악지대도 대형불길에 휩싸였다. 유럽에 연속적으로 발생한 대형산불은 스페인과 포르투갈에도 발생해 엄청난 피해를 가져왔는데, 이 모든 것의 원인은 이상고온 현상이었다.

마크 라이너스^{Mark Lynas}는 책 『6도의 악몽』에서 이런 산불은 남유럽과 지중해를 찾는 휴가객들이 앞으로 흔히 볼 수 있는 광경이 될 것이라고 이야기한다. 그는 여러 기후변화 시뮬레이션의 결과를 살펴보면 아열대의 건조대가 사하라 사막에서 북상하면서 그 일대가 점점 더 건조해지고 더워지고 있다고 한다. 평균기온이 2℃ 상승하면 지중해 일대의 모든 국가들에서 자연발화로 화재가 발생할 위험 기간이 2주에서 최대 6주로 늘어날 수 있다. 그리고 최악의 피해를 입는 곳은 기온이 가장 많이 올라가는 내륙이 될 수 있다.

북아프리카와 중동에서는 사실상 1년 중 대부분이 '화재위험

기간'으로 분류되는데, 앞으로 산불은 타는 듯한 폭염 때문에 더욱 가속화될 것이다. 프랑스, 터키, 북아프리카, 발칸 반도의 내륙에서는 30℃ 이상 올라가는 날의 수가 5~6주 늘어날 것으로 보인다. 밤 기온이 25℃ 이하로 떨어지지 않는 '열대야'의 수는 한 달 정도 더 늘어날 것으로 보이며, 전 지역에서 여름이 4주 정도 더 길어질 수 있다. 라이너스는 이런 현상이 대형산불 발생을 더 자주 가져올 것으로 예측하고 있다.

⊕ 2019년의 극심했던 북극권 대형산불

2019년 6월부터 시작된 북극권 지역의 산불이 석 달 이상 지속되었다. 세계기상기구 관측 결과, 2019년 6월부터 7월 중순까지 모두 100여 건의 강력한 산불이 발생했다. 이 숫자는 2010년부터 2018년까지 집계된 모든 북극권 산불 발생 건수를 합친 것보다 많다.

세계기상기구는 2019년 7월에 북극권 대형산불이 내뿜은 이산화탄소의 양이 6월에 50Mt(메가톤), 7월에 79Mt, 8월 상순에만 25Mt이었다고 발표했다. 이 정도의 양은 2017년 벨기에 전체가 배출한 이산화탄소 양의 1.5배나 된다. 이렇게 짧은 기간에 이렇게 많은 이산화탄소가 방출된 건 전례가 없었다.

그림9 산불의 북극권 열 산출량

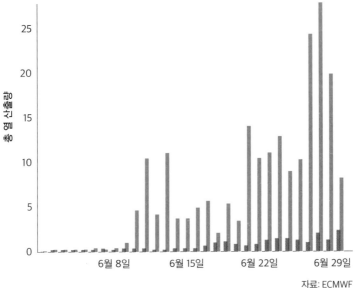

자료: ECMWF

북극권 지역에서 가장 산불 피해가 큰 나라는 러시아다. 블라디 미르 푸틴 대통령은 시베리아 4개 지역에 비상사태를 선포했다. 시 베리아에서만 6월과 7월 두 달 동안 우리나라 면적의 절반에 육 박하는 430만 ha의 산림이 잿더미로 변했다. 영국 일간지 〈가디 언〉은 그을음과 연기가 만든 구름의 크기가 유럽 전역을 덮을 정 도인 500만 km²에 달한다고 보도했을 정도다. 게다가 그린란드 의 시시미우트에서 발생한 산불로 인해 그린란드의 얼음이 평상 시보다 한 달이나 빠르게 녹았다고 영국의 BBC는 보도했다.

미국의 알래스카도 예외는 아니다. 2019년 발생한 대형산불로 무려 206만 acre의 삼림이 불에 타버렸다.

왜 이렇게 북극권에 대형산불이 일어나는 것일까? 세계기상기구는 북극 일대 산불이 "전례 없는" 수준이라면서 기상관측 이래 가장 높은 기온이 원인인 것으로 보고 있다. 2019년 6월에 북극이 역사상 가장 무더운 기온을 기록하면서 산불이 발생하기 좋은 조건이 되었다는 것이다. 유럽중기기후예측센터에서 운영 중인 코페르니쿠스 기후변화서비스CAMS는 2019년 6월이 기록적으로 가장 더웠다고 발표했다. 시베리아 지역의 1981~2010년 평균보다 거의 10℃나 높은 기온이었다는 것이다.

알래스카의 기온은 2019년 7월 4일에 최고 32°C를 기록하면서 알래스카 대형산불에 기름을 부었다. 북극권만 아니라 이상폭염이 발생한 유럽도 산불에 몸살을 앓았다. 독일, 그리스, 스페인 등 여러 나라에 강한 대형산불이 발생한 것이다. 이처럼 기온이 올라가면서 산불이 발생하면 규모가 더 커지고 오랫동안 지속된다. 여기에 북극권의 강한 바람으로 인해 더 넓은 지역으로 번졌다고 전문가들은 말한다.

⊕ 2020년에 발생한 파괴적인 북극권 대형산불

2019년에 이어 또다시 2020년에 북극권 대형산불이 발생했다. 장기화된 시베리아 열기가 가장 큰 원인으로, 세계기상기구는

2020년 7월에 "이러한 대형산불은 기후변화 없이는 거의 불가능하다"고 발표했다. 시베리아 더위가 무려 반 년 동안이나 장기화된 것은 인간이 초래한 기후변화의 영향이 없었다면 거의 불가능했을 것이라는 게 주요 기후과학자들의 신속한 원인 분석이었다.

시베리아의 2020년 1월부터 6월까지 기온은 평균보다 5℃ 이상 높았고, 6월에는 평균보다 10℃ 이상 높았다. 6월 20일 러시아의 베르호얀스크에서 38℃의 온도가 기록되었다. 세계기상귀속WWA 과학자들은 "많은 이전 연구들에서 우리는 전 세계적으로 점점 더 뜨거워지고 폭염이 빈번하게 발생하는 것을 봐왔다. 특히 시베리아와 같은 곳에서는 무더워진 기후가 지역 야생동물과 그곳에 사는 사람들뿐만 아니라 세계 기후 시스템 전체에 파괴적인 영향을 미칠 수 있다"고 주장했다. 이들의 분석을 보면 2020년 1~6월의 시베리아 지역의 폭염은 인간이 초래하는 기후변화가 없다면 8만 년에 한 번 꼴로 나타날 수 있는 이례적인 현상이었다.

결국 시베리아의 예외적이고 장기화된 폭염은 파괴적인 북극 대형산불을 부채질했다. 이와 동시에 러시아 북극 연안을 따라 해빙 면적이 급격히 감소했다. 북극권의 폭염은 제트기류의 지속적인 북상으로 이 지역에 따뜻한 공기가 유입된 것에도 영향을 받았다. 그러나 기후과학자들은 사람이 초래한 기후변화의 영향이 없었다면 그러한 극단적인 열기는 거의 불가능했다고 말한다. 2020년 7월 24일, 페테리 탈라스 세계기상기구 사무총장은 "북극은 지구 평균보다 2배 이상 빠른 속도로 가열되고 있으며, 이는 지역 인구와 생태계에 영향을 미치고, 전 세계에 영향을 주고 있다. 북극에서 일어나는 일은 북극에 머물지 않는다. 텔레커넥션으로 인해 극지방은 수억 명이 사는 저위도 지역의 날씨와 기후 조건에 영향을 미친다"고 말했다.

북극권에서 2년 연속 대형산불이 발생하고 있다. 위성사진으로 분석하면 2020년 7월 24일 가장 활동적이었던 북극 산불의 최전방은 북극해에서 8km도 안 되는 71.6N 상공에 있었다. 마크 패링턴Mark Farrington 캠스 선임과학자는 "2019년 여름 내내 북반구 고위도에서 화재 활동이 이례적이었다. 그런데 2020년은 비슷한 방식으로 진화하고 있는 것으로 보인다. 이는 특히 보렐 산불 시즌이 7월과 8월에 최고조에 달함에 따라 앞으로 몇 주 동안 북극에서 격렬한 화재 활동이 계속될 수 있음을 시사한다"고 7월 중순에 밝혔다. 러시아 연방수역환경감시국Roshydromet의 위성 감시에 따르면 시베리아 영토에서 7월 22일 188개의 산불이 발생했다.

2020년 대형산불은 몇 달 동안 러시아 사하 공화국과 시베리아 북동쪽 먼 곳의 추코트카 자치구 지역에서 발생했으며, 두 곳 모두 평소보다 훨씬 따뜻한 상태였다. 러시아 당국은 또 시베리아 서부에 있는 칸티만시스크 자치구인 유그라 전역에 화재 위험이 극심하다고 선언했다. 7월 중순 시베리아에서 산불이 발생한 곳은 300여 곳에 달했다. 과거에도 시베리아 일대에서 간간이 산불이 발생하긴 했지만 2020년에는 이상기후로 인해 산불이 걷잡을 수 없이 확산되었다. 미국 마이애미대학교 산불 연구원 제시카 매카시 ^{Jessica McCarthy}는 "이번 시베리아 산불은 겨울에도 완전히 꺼지지 않고 군불로 연기를 내고 있다가 날이 풀리면 다시 타오르는 '좀비 산불'의 영향도 있다"고 말했다.

7월 28일 러시아 관영 타스 통신에 따르면 러시아 산림에서 발생한 산불 규모가 일주일새 2배 이상 증가했다. 최악의 대형산불이 번졌지만 러시아는 예산과 인력이 턱없이 부족해 진화가 어려웠다. 야쿠티아 지방 사하 공화국은 산불로 7월 초 비상사태를 선포하기도 했다. 연방항공산림보호청 역시 인력 5,419명, 장비 899개, 항공기 31대를 동원해 진화작업에 나섰다. 이들은 136개 산불을 폭약이나 인공강우 등을 활용해 적극적으로 진압했지만 나머지 159개의 산불은 비용을 감당하기 어려워 속수무책이라고 밝히기도 했다.

산림 당국인 연방항공산림보호청이 홈페이지에 게시한 산불 현황 자료에 따르면 7월 28일까지 러시아에서는 산불로 인해 6만 7천 913ha 규모의 산림이 피해를 본 것으로 나타났다. 이는 일주일 전인 7월 21일의 3만 2천 984ha보다 2배 이상 피해가 늘어난 것이다. 연방항공산림보호청 관계자는 타스 통신에 "시베리아와 극동이 가장 어려운 상황에 직면해 있다"고 말했다. 2019년 시베리아 대형산불이 최악이라고 했지만 2020년은 2019년보다 2배 이상 많은 산불 건수와 피해지역이 발생했다. 2020년에는 약 300여 건의 산불이 발생했고, 이는 과거 평균 산불발생 빈도의 약 5배에 달한다.

⊕ 북극 대형산불이 가져오는 환경 재앙

북극 대형산불의 발생으로 인한 인명피해 외에도 대기오염 피해가 매우 크다. 미세먼지와 일산화탄소, 질소산화물, 비메탄 유기화합물 등 유독가스가 대기 중에 배출되기 때문이다. 특히 나무가 불에 타면서 발생하는 입자와 가스는 먼 지역까지 이동해 공기 질에 막대한 영향을 미친다. 오염 물질 중 이산화탄소는 지구온난화에 심각한 영향을 준다.

예를 들어보자. 2014년 캐나다에서 발생한 대형산불은 700만 acre 이상의 숲을 태웠다. 이때 1억 3천만 톤 이상의 이산화탄소가 대기중으로 내뿜어졌다. 이것은 캐나다에 있는 모든 나무들이 1년 동안 흡수하는 이산화탄소 양의 절반이나 된다.

2020년 6월까지의 이산화탄소 배출량은 2019년 6월 53Mt에 비해 2020년 6월에는 56Mt으로 더 증가했다. 대형산불로 인해 시베리아 북동부지역의 일산화탄소 수치는 화재 지역보다 비정상적으로 높았다. 2020년 추정 총 탄소배출량은 유럽중기기상관측센터ECMWF가 시행한 코페르니쿠스 대기모니터링 서비스의 18년간의 데이터 기록 중에서 가장 높다.

북극권의 산불이 다른 지역보다 더 위험한 이유는 영구동토층이 훼손될 가능성이 높기 때문이다. 영구동토층에는 엄청난 양의 탄소가 저장되어 있는데, 대형산불이 영구동토층의 탄소 저장능력을 훼손해 엄청난 온실가스가 배출될 가능성이 있다. 이럴 경우 지구온난화는 심각할 정도로 가속화된다. 북극권의 산불에서 발생한 블랙카본(나무 등이 불완전 연소할 때 생기는 그을음)은 북극의 눈과 얼음 위에 쌓인다. 하얀 눈은 지구 표면으로 떨어지는 햇볕의 90%를 반사해 지구온난화를 막는 방어막 구실을 한다. 그런데 블랙카본이 눈 위에 쌓이면서 태양빛을 흡수해 북극의 온난화를 가속시킨다. 그러니까 북극권 산불은 지구온난화를 이중, 삼중으로 가속화하는 셈이다. 따라서 대형산불을 막지 못한다면 지구환경은 크게 피폐해질 것이다.

그림10 북극 주변에서 화재로 생긴 그을음의 위성 영상

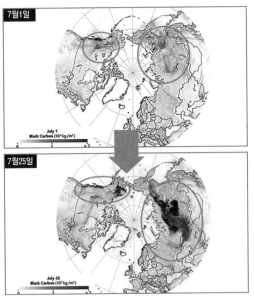

자료: NASA

최악의 피해를 부른
호주와 미서부지역의 대형산불

초지와 나무, 열매가 불에 타버려 먹을 것이 없어지자 호주 당국은 긴급 공수를 했다. 한 일간지의 "당근비가 내려와"라는 헤드라인의 기사처럼 호주는 굶주린 야생동물을 위해 공중에서 당근을 살포했다. 호주 뉴사우스웨일스주 국립공원 및 야생동물국, 동물단체 '애니멀스 호주' 등이 주축이 되어 '왈라비 작전'이라 불린 공중먹이 살포작전이 전개되었다. 대형산불이 부른 이색적인 풍경이다.

✪ 호주의 대형산불로
10억 마리 이상의 야생동물이 죽었다

'서울 66배 면적 불탔다… 하늘 핏빛 물든 재앙급 호주 산불' 2020년 1월 6일자 중앙일보 뉴스 제목이다. 호주 남동부에서 발생한 산불이 역대 최대 규모의 재앙으로 번졌는데 산불과 폭염이 겹치면서 1월 5일에는 호주 일부 지역의 하늘이 핏빛으로 빨갛게 물들었다고 한다. 이 산불은 2019년 9월에 시작되어 꺼지지 않고 계속 확산되면서 최악의 환경 재앙이 되었다. 산불 피해가 가장 큰 뉴사우스웨일즈 주에서만 약 400만 ha에 달하는 녹지가 잿더미가 되었는데, 이 면적은 서울특별시의 약 66배에 달하는 면적이다. 뉴사우스웨일스 주 옆에 있는 빅토리아주에서도 6천 ha 규모의 대지가 불타버렸다.

지구온난화를 가속시키고 생물이 멸종되고 열대우림이 사막화되면서 생태계가 파괴되는 최악의 환경 재앙인 대형산불이 발생한 것이다. "불바다된 호주… 야생동물 5억 마리 떼죽음"이라는 〈이데일리〉의 기사 제목만 봐도 얼마나 심각한 상태인가를 잘 알 수 있다. 이 기사에서는 코알라와 캥거루를 포함한 수억 마리의 동물이 피해를 입은 것으로 추산하면서, 호주에 서식하는 코알라의 3분의 1 이상이 죽었다고 전했다. 특히 코알라가 큰 피해를 입은 것은 움직임이 느리고 이동을 싫어하는 습성 때문이라고 한다. 세계자연기금[WWF]은 2020년 2월에 호주 산불의 직간접 피해로

12억 5천만 마리의 야생동물이 목숨을 잃었을 것으로 추정했다.

2020년 1월 2일 뉴사우스웨일스주, 1월 5일에는 빅토리아주가 비상사태를 선포했다. 빅토리아 주정부가 비상사태를 선포한 것은 2009년 173명의 사망자와 500명의 부상자를 낸 산불인 '검은 토요일' 이후 처음이었다. 이번 호주의 대형산불로 20만 채 이상 가구가 피해를 입었으며, 소방관 10명을 포함한 28명의 사망자가 발생했다. 영국 엘리자베스 2세 여왕은 호주 산불 소식에 "깊은 슬픔을 느낀다. 생명의 위험을 무릅쓰고 구조 활동을 하고 있는 소방대원들에게 감사한다"는 메시지를 전했다. 이웃인 뉴질랜드와 싱가포르는 화재 진압을 위한 군사 원조를 보냈다. 스콧 모리슨 호주 총리는 화재 진압을 위해 호주방위군 ADF 예비군 3천 명을 투입했다.

2020년 호주의 대형산불은 2019년 북극권화재와 비슷한 요인으로 발생했다. 지구온난화로 인한 폭염과 가뭄이 주원인인 것이다. 당시 호주의 도시지역은 역대 최악의 폭염이 기승을 부리고 있었다. 시드니 서부 팬리스 지역은 1월 4일 섭씨 48.9℃의 폭염을 보이면서 시드니에서 기온을 측정하기 시작한 1939년 이래 최고기온을 기록했다. 호주 수도 캔버라도 이날 섭씨 44℃까지 오르면서 관측사상 최고치를 갱신했다. 북극권지역의 2019년 대형산불 때도 기온이 아주 높은 가운데 가뭄이 극심했었다. 지구온난화로 인한 기후변화가 대형산불의 가장 큰 원인인 것이다.

이번 호주 대형산불에 기름을 부은 것은 '인도양 다이폴'이다.

다이폴은 인도양 서쪽지역으로는 저압부를 만들지만 그 서남쪽에 있는 호주 지역으로는 고압부를 만드는 현상이다. 다이폴로 인해 호주에는 고압부가 만들어지면서 폭염과 함께 가뭄이 찾아왔다. 폭염 속에 2019년 9월 시작된 호주 산불은 비가 오지 않는 가뭄이 지속되면서 2020년 초까지 이어진 것이다. 호주 대형산불은 1월 중순 이후 발생한 큰 비로 꺼졌다.

⊕ 역대 최악의 피해를 가져온 미국 서부지역 대형산불

미국 서부지역의 캘리포니아 대형산불은 최근에 자주 발생했지만 2020년 대형산불은 미서부지역 전체로 번지면서 최악의 피해가 발생했다. 2020년 9월 15일 세계기상기구가 발표한 미서부지역 대형산불 자료를 보자.

'캘리포니아, 오리건, 워싱턴 주에서는 수십 명의 사상자가 발생하고 수천 명의 사람들이 대피했다. 9월 13일 현재, 거의 1만 6,500명의 소방관들이 캘리포니아 전역의 28개의 주요 산불을 진화하기 위해 최선을 다하고 있다. 2020년 연초부터 캘리포니아에서는 320만 acre가 산불에 탔다. 캘리포니아의 화재 활동이 활발해진 8월 15일 이후 24명의 사망자가 발생했으며 4,200여 개의 구조물이 파괴되었다. 대형산불은 수백만 명의 사람들에게 매

연을 마시게 했고, 서태평양과 대서양에 연기가 자욱하게 피어오르면서 하늘을 오렌지색으로 만들었다.'

코페르니쿠스 대기모니터링 서비스 캠스CAMS❶의 자료에 따르면 2020년에 미국 서부지역에서 발생한 산불이 2003~2019년 전국 평균보다 훨씬 더 강력했다. 캠스는 대형산불로 인한 연기가 8천 km 떨어진 북유럽까지 도달하는 것을 관측했다. 8월 중순부터 캘리포니아에서, 그리고 9월 초부터 오리곤주와 워싱턴주에서 발생한 화재는 엄청난 양의 두꺼운 연기를 내뿜었다. 이번 화재는 캘리포니아에서 약 21.7Mt, 오리건에서 7.3Mt, 워싱턴에서는 1.4Mt으로 추정되는 탄소를 배출했다. 미국 서부의 전체 배출량은 약 30.3 Mt으로 추산되었다.

이렇게 대형산불이 발생한 원인에 대해 세계기상기구는 가뭄과 기후 및 수자원 조건이 있었다고 밝혔다. 2020년 상반기에 걸쳐 미국 서부의 가뭄 상황이 확대되었다. 8월에는 건조한 날씨와 고온 현상이 지속되어 서부 전역에서 가뭄이 악화되면서 거의 40%가 넘는 지역이 가뭄에 허덕였다. 여기에 폭염까지 기승을 부렸다. 8월 중순 미국 서부지역에 기록적인 폭염이 발생하면서 캘리포니아 데스 밸리의 기온은 섭씨 54.4℃까지 치솟았다. 여기에 강한 동풍이 대형산불을 부채질했다.

대형산불의 시작을 만드는 번개현상이 많이 발생했는데, 8월 15일부터 8월 말까지 1만 4천여 건의 낙뢰가 발생했다. 미국의 기후과학자들은 미 서부지역 대형산불의 원인은 지구온난화로 인한 기온 상승으로 본다. 40℃가 넘는 폭염이 오래 지속되면서 바짝 마른 나무들이 불쏘시개가 된 데다 강풍(동풍)이 불면서 대형산불을 만들었고, 미국의 소방 능력으로도 진화하지 못하는 최악의 재앙이 발생한 것이다. 이런 대형산불을 기록으로 비교해보면 캘리포니아 역사상 가장 큰 20개의 산불 중 6개가 2020년에 발생했다. 또한 20대 산불 중 최근 10년간 8개가 발생했고, 2000년 이후 20대 산불 중 17건이 발생했다. 가장 파괴력이 큰 산불 10위 중 7개가 2015년 이후 발생했다.

"미 서부 대형산불 연기, 동부 뉴욕·워싱턴까지 흘러가", 9월 16일 연합뉴스 제목이다. 연합뉴스의 보도에 의하면 '캘리포니아주 등 미국 서부에서 발생한 대형산불로 인한 사망자가 36명으로 증가했다. 오리건·워싱턴주의 동쪽으로 맞붙은 아이다호주에서도 산불이 확산하면서 일부 대피령이 내려졌다. 일간 〈뉴욕타임스NYT〉는 15일(현지시간) 아이다호주에서도 대피가 시작되고 (중부의) 미시간주 하늘이 희뿌연 연기 구름으로 뒤덮이고 (동부의) 뉴욕시까지 연무가 퍼지면서 서부 해안에서 맹위를 떨치는 산불이 미 전역에서 거의 피할 수 없는 위기가 되었다'고 보도한다.

보도에서는 '캘리포니아·오리건·워싱턴주 등 서부 해안 3개 주에서 지금까지 500만 acre(약 2만 234km²) 이상의 면적이 불탔지만 아직도 사태의 끝은 보이지 않는 실정이다. 이는 우리나라 면적(약 10만 210km²)의 5분의 1(20.2%)을 넘어서는 규모다. 사망자는 전날보다 1명 늘어나 36명이 되었다. 트럼프 대통령은 이날 오리건주 산불 피해 지역을 재난지역으로 승인했다고 백악관이 성명을 통해 밝혔다. 이번 산불에 대해 캘리포니아·오리건·워싱턴 주지사들은 모두 "기후변화가 산불을 더 위험하게 만들었다"고 강조하고 있다.

인명피해가 많았던 오리건주에서는 주도 세일럼 동쪽에서 발생한 '비치크리크 화재'가 거의 20만 acre의 산림을 태운 가운데 수십만 명이 대피 명령을 받았다. 오리건주에서는 35건이 넘는 산불이 발생해 95만 acre(약 3,845km²)의 산림이 소실되었다. 미국 립기상청 NWS은 산불로 인한 매연과 연무는 북부 캘리포니아 지역을 계속 뒤덮을 것이라고 예상했다. 산불로 서부 해안 일대의 대기오염이 심각한 수준에 이르면서 타격이 가장 심한 오리건의 일부 지역에서는 대기 중 미세먼지 농도가 사상 최고를 기록했다.

미서부지역 대형산불에서 나온 연기가 제트기류를 타고 미국 동부지역까지 흘러가 뉴욕과 워싱턴 DC에까지 도달했는데, 미 연방정부의 대기질 감시 서비스 '에어나우'에 따르면 캘리포니아·오리건·워싱턴주의 대부분 지역과 아이다호주 일부 지역은 산불로 인해 대기질이 건강에 해로운 수준이다.

2020년 미서부지역 대형산불이 왜 최악인가 하면, 캘리포니아주에서는 주 역사상 피해 규모가 1·3·4위에 달하는 대형산불 3건이 한꺼번에 진행되는 등 24건이 넘는 대형산불이 발생했고, 캘리포니아 북쪽인 오리건, 워싱턴주까지 초대형산불이 발생했기

5장 환경파괴의 끝판왕인 대형산불

때문이다.

미 전국합동화재센터[NIFC]에 따르면 9월 하순에 약 100여 건의 대형산불이 진행중이었다고 하는데, 산불피해 면적은 2만 2,234km²로 우리나라 면적의 20%가 훌쩍 넘었다. 2019년 고성 대형산불 당시 피해면적이었던 28.72km²보다 무려 774배나 더 넓은 면적이 불탄 것이다. 고성 대형산불 당시 피해액이 1,291억 원이었으니까 미국 서부지역의 피해액은 상상조차 되지 않을 정도이며, 미국 대형산불 역사상 가장 최악의 산불로 기록되었다.

그리고 대형산불에서도 잘 발생하지 않는 '파이어네이도[firenado]'가 나타나 대형산불을 키웠다. 파이어네이도는 불[fire]과 토네이도[tornado]의 합성어로, 강한 회오리바람에 불이 붙은 소용돌이 불기둥 현상을 가리킨다. 파이어네이도는 극도로 진행이 불규칙하고 예측이 어려워 진화가 매우 어렵다. 대형산불이 발생하자 콜로라도대학 환경과학과장인 왈리드 아브달라티[Waleed Abdalati]는 "우리는 10년, 20년, 아마도 50년 후에 '2020년은 말도 안 되는 해였어. 하지만 그때가 그립다'고 말하게 될 겁니다"라는 말을 남겼다. 심각해지는 기후변화로 전 세계의 산림이 불타버리면 과연 우리는 어떻게 될까?

태풍과 미서부지역 산불에 무언가가 있다?

2020년 미서부지역 대형산불이 우리나라를 지나간 태풍과 연관이 있다는 연구결과가 나왔다. 2020년 8월의 태풍 '바비'를 시작으로 초속 40m의 강풍을 동반한 '마이삭'과 '하이선'이 연이어 한반도를 강타했다. 그런데 비슷한 시기에 공교롭게도 미국 서부에선 거대한 산불이 발생했다. 서울 면적의 20배를 순식간에 잿더미로 만든 최악의 산불로 수십 명이 목숨을 잃었다. 한국과 미국을 집어삼킨 2개의 자연재해 사이에서 뜻밖의 연결 고리가 발견됐다.

광주 과기원과 미국연구팀의 공동연구에 의하면, 한반도를 지나간 3개 태풍이 북반구를 가로지르는 기류에 변화를 일으켜서 미국 북서쪽에 예상치 못한 강한 고기압을 만들었다고 한다. 이 고기압으로 북에서 남으로 흐르던 미국 서부의 바람이 동에서 서로 방향이 바뀌면서 거대 산맥을 타고 지나가게 되면서 산림이 바짝 건조해졌고, 결국 사상 최악의 산불로 이어졌다는 것이다.

인류의 탐욕이 부른
열대우림 대형산불

"탐욕·개발로부터 아마존을 보호해야 합니다." 2018년 1월 프란치스코 교황이 아마존 밀림 인근의 한 체육관에서 한 말이다. 교황은 "아마존 원주민들이 지금처럼 자신들의 땅에서 위협을 받은 적이 없었습니다. 원주민들을 배제한 채 석유, 가스, 금 등을 찾는 대기업의 탐욕과 횡포만 횡행하고 있습니다"라며 개탄했다. 아마존 유역에 위치한 정부들에 의해 자행되는 무분별한 열대우림 파괴는 인류세Anthropocene●의 전형적인 모습이다.

> **인류세**
> 네덜란드 화학자이자 노벨상 수상자인 파울 크뤼천 Paul Jozef Crutzen이 제안한 지질개념으로, 인류의 자연 파괴로 인해 지구의 환경체계가 급격히 변하게 된 시대를 뜻한다

✙ 2019년 아마존 열대우림의 대형산불

"아마존 열대우림에서 맹위를 떨치고 있는 화재들은 이미 북극에서 발생한 예외적인 화재와 더불어 지구 기후와 환경에 대한 스트레스를 가중시키고 있다." 2019년 8월의 세계기상기구의 보고서에 지적한 내용처럼 아마존 유역은 지구 열대우림의 절반 이상을 차지한다.

아마존은 4개국에 걸쳐 있는 세계에서 가장 큰 열대우림으로 지구 산소의 20% 이상을 생산하기에 '세계의 폐'라고 불린다. 매년 수백만 톤의 탄소배출을 흡수해 지구온난화를 조절해준다. 또한 지구상 동식물 중 10% 이상이 서식하는 생명의 보고이기도 하다. 그런 아마존의 열대우림이 불타고 있다.

WMO에서는 위성사진(유럽우주국과 미항공우주국)을 통해 브라질, 페루, 볼리비아, 파라과이 지역으로 수천 건의 화재가 발생했음을 보여준다. 유럽 우주국의 Copernicus Sentinel-3 데이터를 보면 2019년 8월 1일부터 8월 24일까지 거의 4천 건의 산불이 발생했다. NASA 고다드 우주비행센터의 과학연구소는 "2019년 8월 브라질 중부 아마존의 주요 도로를 따라 크고 강력하며 지속적인 화재가 발생했다"고 주장한다.

브라질 국립우주연구소 보고서에 따르면 2019년에 아마존 지역에서 발생한 화재는 3만 9천여 건이나 된다. 이 수치는 지난해 같은 기간과 비교해 77%가 늘어났고, 브라질 전역을 기준으로 하면 7만 4천여 건으로 84%나 증가한 것이다. 브라질 국립우주연구소는 산불로 1분당 축구장 1.5배 면적의 열대 우림이 잿더미로 변하고 있다고 분석했다.

안토니오 구테흐스^{Antonio Guterres} 유엔 사무총장은 아마존 열대 우림의 대형산불에 대해 "나는 아마존 열대우림에서 발생한 화재에 대해 깊은 우려를 하고 있습니다. 세계 기후위기 속에서 주요 산소와 생물의 다양성에 더 큰 피해를 입힐 수는 없습니다"라고 말했다. 산불은 당장 큰 피해를 가져오지만 미래 지구환경에 미치는 피해가 훨씬 더 크다.

유럽연합^{EU}의 코페르니쿠스 대기감시시스템^{CAMS}은 이 화재로 8월 1일부터 25일까지 255Mt의 이산화탄소와 다량의 일산화탄소가 대기 중으로 방출됐다고 보도했다. 산불은 뜨거운 열로 인한 직접적인 위협 외에도 미세먼지와 일산화탄소, 질소산화물, 비메탄 유기 화합물 등의 해로운 오염물질을 대기 중으로 방출한다. 아마존 산불 연기는 2,500km 이상 떨어진 상파울루까지 이동했다. 산불 연기는 거센 폭풍우와 함께 8월 19일 도시를 암흑속으로 빠뜨렸다. 이 연기들은 대서양 연안까지 퍼져 나갔다. 산불로 인한 오염물질이 대거 주변 국가로 확산하면서 기후변화뿐만 아니라 건강에도 매우 나쁜 영향을 주었다.

⊕ 2019년에 발생한
인도네시아 열대우림 대형산불

인도네시아 열대우림지역에서 2019년에 발생한 대형산불은 심각했다. "두 달째 계속되는 인도네시아 산불, 고의로 낸 방화?" 2019년 9월 21일 YTN라디오의 '세계를 만나는 시간, NOW'에서 나온 보도 내용이다.

인도네시아 산불 사태는 7월부터 본격적으로 시작되어서 9월까지 이어졌다. 2019년에는 가뭄이 예년보다 2개월 정도 길었고, 비가 내리지 않아서 마른 숲은 불이 나면 금방 대형산불로 번졌다. 인도네시아 산불은 9월 중순 현재 3천 곳에서 발생했고, 산불화재 지역 면적은 32만 8,700ha나 된다.

인도네시아 열대우림의 산불 원인은 크게 두 가지이다. '자연발화'와 '사람들에 의한 방화'다. 먼저 원주민들은 장맛비가 오기 전에 경작지를 확보하기 위해 불을 지른다. 2019년에만 군경당국은 원주민 250명을 체포했다. 또한 대규모 야자유 팜 농장을 만들려는 기업들도 있다. 전 세계 야자유 소비량은 연간 50억 톤인데, 이 중 85%를 인도네시아가 생산한다. 열대우림을 개발해 플랜테이션을 만들면 돈을 엄청 벌 수 있다. 이처럼 나쁜 기업이 산불을 조장하고, 부정직한 공무원이 방관하면서 한반도 넓이 지역에 산불이 발생한 것이다.

인도네시아 열대우림 지역에서도 대형산불이 발생하는 지역은

5장 환경파괴의 끝판왕인 대형산불

이탄지*이다. 이런 곳에 대형산불이 나면 일반 화재보다 연기가 3배 더 많이 나서 대량의 온실가스가 배출되고 서식지가 파괴되는 등 환경문제가 심각하다. 산불로 인해 인도네시아 칼리만탄섬의 5개 주정부는 학교에 휴교령을 내리고 마스크를 배포했다. 약 15만 명의 주민이 산불 연기로 인한 호흡기 질환을 앓았고 시계가 나빠지면서 공항의 이착륙이 지연되거나 취소되었다.

인접국가인 말레이시아에서는 9월 중순에 2,450개 학교가 휴교를 했고, 총 173만 학생이 산불 연기로 인한 영향을 받았다. 1990년부터 2015년까지 동남아시아에서 발생한 대형산불로 인도네시아의 수마트라와 보르네오섬, 말레이시아에서 밀림의 71%가 사라졌다. 숲이 파괴된 이후에 숲이 있던 자리에 대규모 농장이 들어섰다. 팜유 수출로 경제적인 이익이 있었지만 인도네시아 열대우림은 회복이 어려울 만큼 파괴되었다.

⊕ 2020년의 아마존과 인도네시아의 열대우림 대형산불

2019년에 이어 2020년에 또다시 브라질 열대우림인 아마존에 대형산불이 발생했다. 마우리시오 보이보디치 브라질 세계야생생물기금^{WWF} 집행위원은 브라질 정부의 무능을 고발하며 "2019년 상황이 재연되는 것을 용납할 수 없다"고 밝힐 정도로 2019년을 넘어서는 대형산불이 발생한 것이다.

"2019년 8월부터 2020년 7월까지 아마존 열대우림 파괴 면적이 $9,205km^2$로 이전 1년간의 $6,844km^2$보다 34.5% 늘었다." 2020년 8월 7일 브라질 국립우주연구소^{INPE}의 발표 내용이다. 이들은 7월에만 아마존 열대우림에서 발생한 산불이 6,091건이라고 밝혔는데, 이것은 2019년 7월의 5,318건보다 14.5% 늘어난 것이다. 이들이 7월에 발표한 자료에서도 "2020년의 첫 6개월 동안에 이미 열대우림 $3,069km^2$가 사라져 브라질 아마존의 삼림 벌채 사상 최악의 기간이었다"고 밝혔다.

브라질 국립 우주연구소의 위성시스템인 DETER를 통해 분석한 자료에 의하면, 2019년 8월 이후 2020년 7월까지 1년 동안 $8,700km^2$의 초기 숲 덮개^{primary forest cover}의 모습이 사라졌다. 이 양은 그 전해보다 28%가 늘어난 것이다. 숲 덮개^{forest cover}란 아마존과 같은 원시림의 상태를 판정하는 기본 단위로, 자연 상태와 인위적인 숲을 구분하고 있는데 여기서 말하는 '초기 숲 덮개'란 자연 상태의 숲을 말한다. '초기 숲 덮개'의 숲이 사라지면 거시적 도움이 없는 한 복구가 불가능해진다.

그런데 왜 2019년에 이어 2020년에도 아마존의 열대우림이 불타고 있는 것일까? 가장 큰 원인은 원주민들의 농경지와 목초지 확보를 위한 무단벌채와 방화 행위이다. 이들은 수천 그루의 나무를 잘라낸 후 고의로 불을 지르고 나서 경사면은 가축 사육지로 이용하고, 평지는 대두와 옥수수 등 곡물 재배지로 이용한다. INPE에서 운영 중인 DETER는 보고서를 통해 목장주, 벌목꾼, 광부 등이 불법적인 방화를 일삼고 있다는 사실을 고발하고 있다.

그런데 대형산불 배후에는 다국적 기업들이 있다고 전문가들은 보고 있다. 첫째로는 팜농장 등 대규모 플랜테이션을 하기 위해서이며, 또 방화로 삼림을 없앤 후 광산을 개발해 큰돈을 벌려는 기업인들이 있기 때문이다. 둘째는 기후변화의 영향으로 미항공우주국NASA의 연구원들은 2020년 아마존 대형산불이 재앙이 될 것이라고 전망했었다. 왜냐하면 2020년 열대 북대서양에서의 평균 해수면 온도가 높아지면서 아마존 남부의 화재 위험이 높아졌기 때문이다. 이런 기상조건에서는 산불이 나면 더 번지기 쉽고, 사람이 손대지 않은 숲에서도 불이 나게 된다.

그러나 국제사회에서는 브라질 보우소나루Jair Messias Bolsonaro 대통령의 산불방기정책을 가장 큰 산불 원인으로 본다. 국제사회가 비난을 퍼붓자 보우소나루 대통령은 아마존 열대우림 지역이 너무 넓어 산불 단속이 현실적으로 어렵다면서, 아마존 열대우림에서 발생하는 산불의 책임이 주로 원주민들에게 있다고 주장했다. 그런데 그린피스 운동가들은 보우소나루 대통령이 농업과 산업을 위해 열대우림을 파괴하는 것에 찬성하기에 아마존 삼림벌채를 장려하고 있다고 주장했다.

아마존에서 사람에 의해 삼림파괴가 본격적으로 시작된 것은

2013년부터인데, 당시에는 법을 피하는 조용한 방화와 벌채가 진행되어 왔지만 2019년 1월 보우소나루 대통령이 취임한 이후 상황이 급변했다는 것이다. 그는 아마존 지역 개발을 증진하겠다는 공약을 걸었고, 취임 이후에도 지속적으로 아마존 열대우림 파괴를 부추기고 있다는 것이다.

이렇게 아마존 대형산불이 사라질 경우는 어떻게 될까? 삼림이 사라지면 수많은 피해가 발생하게 되는데, 열대우림의 가장 큰 가치는 지구의 기온을 조절하는 것으로, 미국 버지니아대학 연구팀은 열대우림이 완전히 사라질 경우 지구의 평균기온은 0.7°C가 추가로 상승할 것으로 예상하고 있다.

열대우림은 물 조절에도 좋은 영향을 주기에 가뭄에도 대비하고 폭우가 올 때도 피해를 줄여준다. 또한 열대우림은 온실가스인 이산화탄소를 흡수하는데, 흡수하는 것 외에 만약 아마존 열대우림이 파괴될 경우 500억 톤이 넘는 이산화탄소가 배출될 것으로 본다. 이 정도의 양은 전 세계에서 1년에 배출되는 온실가스의 2배 정도로 정말 심각하다.

그렇다 보니 유럽 등의 국가는 브라질 보우소나루 대통령에게 환경보존 협약을 지키라고 요구하고 있다. 이에 브라질은 2020년 7월 15일에 향후 4개월간 아마존 방화를 불법으로 규정하는 법을 제정했고, 그 다음날에는 판타날 습지와 아마존 숲에서 4개월간 화재를 금지했다.

그러나 문제는 이 같은 브라질의 노력이 효과적이지 못하다는 것이다. 그린피스와 전문가들은 2020년 7월이 산림개간 기록상 2019년 7월에 이어 두 번째로 최악의 7월임을 보여주었다면서, 산림 벌채율과 화재 발생 건수가 많은 것을 보면 브라질 정부의 노력은 효과가 없다고 주장한다. 이에 더 강한 산불과 개간 금지를 요구하고 있다.

2020년 9월 2일 인도네시아 보르네오섬 칼리만탄주에 715개의 산불이 발생하면서 주정부가 비상사태를 선포했다. 매년 건기가 되면 보르네오에서는 팜 농장 등을 만들기 위해 산불을 낸다. 2015년 최악의 대형산불을 경험한 인도네시아는 산불을 진화하기 위해 분투하고 있지만 역부족이었고, 비가 오기만을 간절히 기다리고 있었다.

다행히 라니냐로 인해 비가 자주 내리면서 2020년 인도네시아 대형산불은 잡혔다. 지구온난화와 인간들의 탐욕으로 인한 산불은 인류가 통제할 수 없는 재앙으로 돌아올 것이기에 정말 두려운 생각이 든다.

열대우림은 왜 중요할까?

"나무가 국가를 살리고 사람을 풍요롭게 한다."

　카리브해에 히스파니올라라는 섬이 있다. 쿠바의 오른편에 위치한 섬으로, 여기에는 두 나라가 공존하고 있다. 아이티가 히스파니올라 섬의 서쪽에 위치하고 있으며, 도미니카 공화국이 동쪽에 위치하고 있다. 아이티는 너무 못사는 나라인 반면, 옆에 있는 도미니카공화국은 비교적 잘사는 나라다. 왜 이런 차이가 나는 것일까?

　각국에 나무가 있고, 없고가 그 차이를 만들었다. 예를 들어보자. 2016년 10월 초강력 허리케인 '매튜'가 히스파니올라 섬을 강타했다. 태풍으로 인해 아이티는 엄청난 피해를 입은 데 반해 바로 옆에 위치한 도미니카 공화국의 피해는 매우 적었다. 아이티의 사망자가 1천 명을 넘은 데 비해 도미니카공화국은 겨우 4명이 죽었다.

　규모 7.0의 지진이 히스파니올라 섬을 덮쳤던 2011년에도 아이티에서는 약 30만 명이 목숨을 잃었다. 그러나 도미니카에서는 사망자가 한 명도 발생하지 않았다. 이처럼 홍수나 태풍 등의 자연재해를 경감시키는 것이 삼림이다.

　그러나 아이티는 무분별하고 광범위한 벌목으로 전 국토가 민둥산이 되어버렸다. 반대로 도미니카공화국은 삼림보존이 매우 좋은 나라다. 이 결과로 허리케인과 폭풍 등의 자연재해가 발생했을 때 극명하게 차이가 발생하는 것이다. 삼림 전문가들은 아이티와 도미니카 공화국의 삼림 차이를 남한과 북한의 삼림 차이와 비슷하다고 말한다.

"생물다양성은 인간에 의해 극적인 손실을 경험하고 있다. 만약 방치한다면 생물다양성의 놀라운 감소 속도는 인류와 세계를 먹여 살릴 우리의 능력에 파괴적인 결과를 가져올 것이다." 세계식량기구가 주최한 2021년 1월 11일 '하나의 지구 정상회의(one planet summit)'에서 나온 말이다. 2021년 정상회의의 초점은 생물다양성에 관한 것으로, 회의를 주관한 FAO는 생물다양성을 보존하고 지구를 보호하는 국제적인 노력에 앞장서왔다. 왜냐하면 벌과 같은 꽃가루 매개자 종의 멸종 방지, 서식지 제공 등이 식품과 농업에 필수적인 요소이기 때문이다. 문제는 이런 생태계가 너무 빠른 속도로 파괴되고 있다는 것이다.

꿀벌이 사라지면
인류도 없다

여섯 번째의
생물멸종이 온다

필자가 대학에서 강의하면서 꼭 보라고 권하는 영화 중 하나가 〈비포 더 플러드 Before the Flood〉이다. 배우 레오나르도 디카프리오가 직접 제작하고 출연한 다큐 영화이다. 디카프리오는 5대륙과 북극을 오가며 기후변화로 인한 환경 피해를 보고 있는 지역의 처참한 모습을 보여준다. 영화에서는 팜유를 생산하기 위해 열대우림의 80%를 불태우는 인도네시아의 야만적인 모습 등을 생생하게 들려주고, 기후변화와 환경파괴로 사라지고 있는 생물종의 비참함을 이야기한다. 그는 기후변화가 먼 나라의 일이 아니라 실제 우리에게 닥쳐오고 있는 정말 위급한 상황이라고 말한다.

얼마나 많은 생물종이 사라지는가?

멸종위기 전문뉴스 '뉴스펭귄'에서는 이렇게 말한다. "인류의 멸종 시계는 지금, 23시 59분을 가리키고 있습니다."

지구의 역사를 보면 지구에서 생명이 생겨난 이후에 다섯 차례의 생물대멸종이 있었다. 생물대멸종의 원인은 기온 급변, 산소 농도 저하, 메탄의 대량 분출, 화산작용에 의한 산성비, 운석 충돌 등으로 추정하고 있다. 이런 자연현상들은 기후변화의 핵심요소가 된다.

그런데 기후학자들은 지구 평균기온이 지금보다 8℃ 높았던 에오세의 생물대멸종 시기가 지금 상황과 매우 비슷하다고 말한다. 지금까지의 대멸종이 자연현상의 변화로 인한 생물대멸종이었다면, 이제는 인류가 만들어낸 인위적인 생물대멸종이 다가온다는 것이다.

2020년 9월 세계자연기금에서 '지구생명보고서 2020'을 발표했다. 이 보고서에서는 지구의 생물다양성이 큰 폭으로 감소하고 있다면서 "1970년부터 2016년까지 관찰된 포유류, 조류, 양서류, 파충류 및 어류의 개체군 규모가 평균 68% 감소한 것으로 나타났다. 생물종의 개체군 규모의 변화는 전반적인 생태계 건강의 척도가 되기 때문에 매우 중요하다"고 주장했다.

세계자연기금의 미국 회장 카터 로버츠Carter Roberts는 "인류의 발길이 야생 지역으로 확장되면서 우리는 수많은 야생동물을 절멸시키고 있다. 인류는 갈수록 기후변화를 악화시키고 있고, 코로나19 바이러스와 같은 동물원성 감염병의 위험을 증가시키고 있다"면서 인류와 동물 모두를 위해 자연과의 관계를 시급하게 회복해야 한다고 주장했다.

가장 심각한 것이 열대우림 지역에서 농경을 목적으로 벌어지는 야생동물 서식지 파괴로, 이는 생물다양성 파괴의 절반 이상을 차지한다. 전 지구적인 삼림 벌채의 80%, 담수 사용의 70%가 농업을 목적으로 이뤄지고 있다. 인간이 과도하게 사용하는 토지와 물은 육상 생물다양성의 70%를, 담수 생물다양성의 50%를 파괴했으며, 수많은 생물들은 인간에 의해 바뀐 환경에서 거의 살아남지 못했다.

특히 담수의 생물다양성은 해양 및 산림 지역보다 훨씬 빠르게 감소하고 있다. 1700년부터 지금까지 전 세계의 습지 가운데 약 90%가 사라졌으며, 인간이 수백만 km에 이르는 강을 너무나 많이 변화시켰다.

이러한 변화로 담수 생물종 개체군의 규모가 급격히 감소하고 있다. 세계자연기금에서 발표한 담수의 지구생명지수[LPI]를 보면 개체군 규모의 평균은 84% 감소했다. 이 수치는 1970년부터 매년 4% 감소한 것이다. 가장 두드러지게 감소한 개체는 양서류와 파충류 그리고 어류다. 인류가 지구상의 생명들을 영원히 사라지게 만드는 것이다.

그림11 멸종위기종인 아프리카 둥근귀 코끼리

자료: 뉴스펭귄

　인류에 의한 자연훼손으로 곤충의 개체수나 분포가 심각하게 감소되고 있으며, 식물의 멸종 위험도 심각한 수준이다. 식물의 멸종 위험은 매우 커서 포유류의 멸종 위험과 유사한 정도이고, 조류의 멸종 위험보다는 크다. 지금까지 기록된 자료에 의하면 식물의 멸종 사례는 포유류, 조류 및 양서류의 사례를 합친 것보다도 많다. 전 세계 식물종 전체의 5분의 1 정도(22%)가 멸종위기 상태이며, 그중 대부분이 열대 지역에 서식하고 있다.

　"캐나다 '충격적인 생물종 손실'에 직면해", 2020년 9월 26일자 환경미디어 기사 제목이다. 세계자연기금에 따르면 캐나다에서는 지난 50년간 야생동물 멸종위기가 심각한 수준이었다는 것이다. 보고서에서는 1970년에서 2016년 사이 전 세계 멸종위기에 처한 종들 가운데 캐나다에서만 개체수가 무려 40% 이상 급감했다고 주장했다. 동물들의 서식지 손실, 토지와 해안가 개발과 오염, 인간 활동 등에 의해 개체수가 줄어들었다는 것이다. 여기에 기후변화와 생물다양성 손실은 동물들이 이미 직면하고 있는 위협의 영향을 가속화시켰다. 그런데 캐나다만이 이런 위기에 처한 것은 아니다.

최근 연구에 따르면 인간은 500종의 포유류, 조류, 파충류, 양서류를 멸종위기 직전의 상황으로 내몰고 있다. 2019년 1월 미국 해양대기청의 '2018 북극 보고서'에서는 1990년대 470만 마리였던 순록이 20년 사이 210만 마리로 급감했다고 발표했다. 미국 알래스카와 캐나다 지역에 살고 있는 일부 무리의 순록 개체수는 90% 이상 감소했다. 지구온난화의 영향으로 기온이 상승하면서 가뭄이 늘어나고 파리, 기생충 등이 증가했기 때문이다. 눈이 아닌 비가 오면서 땅이 얼어버리다 보니 이동하기도 어려워지고, 먹이를 찾는 것은 더욱 어렵다. 순록은 땅의 얼음을 발굽으로 파내 이끼나 식물 등을 먹고 사는데, 비가 얼어붙으면서 굶어 죽는 순록이 늘어난다는 것이다.

우리나라는 어떤가? 환경부 소속 국립생물자원관은 국내에 서식하는 조류, 양서·파충류, 어류 222종의 멸종위험도를 재평가한 '국가생물적색자료집●' 개정판을 2020년 3월 24일에 발간했다. 자료집에서는 우리나라 조류, 양서·파충류, 어류 야생동물 222종의 멸종 위

국가생물적색자료집
세계자연보전연맹의 지역적 색목록 기준에 따라 국내 자생종의 멸종 위험도를 평가한 자료

험도를 평가했다. 그랬더니 우리나라 야생동물 가운데 넓적부리
도요, 느시, 붉은가슴흰죽지를 비롯해 모두 88종이 멸종위기를 맞
고 있다는 결과가 나왔다.

⊕ 지구 생물 대멸종의 원인은 무엇일까?

"인류에 의해 제6의 대멸종 사태가 진행되고 있다." 세계적인 생
태학자 폴 에를리히 Paul Erhlich 미국 스탠퍼드대학교 교수의 경고이
다. 그가 이끄는 연구팀은 2020년 6월에 미국립학술원 PNAS 회보
에 실린 논문에서, 지구 역사에서 모든 생물의 70~95%가 사라진
대멸종 사태는 다섯 번이 있었다고 말한다. 그런데 현재 생물의
멸종 속도는 예상보다 훨씬 빠르며, 사람의 생존에 필요한 자연의
능력이 무너지고 있다고 밝혔다.

이들의 연구에 의하면 20세기 동안 육상 척추동물 중 543종이
사라졌는데, 앞으로 20년 안에 비슷한 수의 생물종이 멸종할 것으
로 예상했다. 유엔생물다양성과학기구 IPBES는 "멸종속도가 지난
1천만 년 평균치보다 수십 배에서 수백 배 빠르다. 수십 년 안에
최대 100만 종이 멸종될 것으로 예상된다"라고 경고하고 있다.

왜 생물이 멸종하는 것일까? 첫 번째 원인은 기후변화이다. 세
계자연기금에 의하면 기후변화 요인 하나만으로 세기말까지 야생

생물종의 5분의 1 정도가 멸종될 위기에 처해 있다고 한다. 30년 전만 하더라도 생물종에 미치는 기후변화의 영향은 미미하다고 판단되었다. 그러나 지금은 거의 모든 생물종이 기후변화의 영향을 받는다. 특히 기온 상승이 두드러지는 북극 및 툰드라 지역 등에 서식하는 생물종은 매우 크게 기후변화의 영향을 받고 있다. 기후변화의 영향은 다양한 형태로 나타나는데 생리학적 스트레스, 적합한 서식지의 상실, 수분 작용 또는 포식자-먹이 간 상호작용 방해, 그리고 번식이나 회유 시기 등에 불리한 영향을 주면서 멸종으로 이끈다.

"남극의 '턱끈 펭귄'의 경우 겨우 50년 만에 개체수의 절반 이상이 줄어들었습니다." 2020년 12월에 미국 스토니부룩 대학연구팀은 번식 가능한 턱끈 펭귄의 커플 수가 50년 전인 1971년 12만 2,550쌍에서 2020년에 5만 2,786쌍으로 줄었다고 밝혔다. 연구팀은 기후변화가 원인으로, 2020년 남극의 기온이 영상 18.3도까지 올라가는 이례적인 고온현상으로 인해 펭귄 먹이인 크릴 새우가 줄어들었기 때문이라고 주장한다.

또한 기후변화가 동물들의 이동이나 짝짓기 혹은 생존능력에 영향을 미치기 때문에 멸종위기에 처했다고 본다. 1998년부터 2019년까지 흑곰, 순록, 무스, 늑대의 이동속도를 분석했더니 순록과 무스는 기온이 높을수록 더 많이 이동하는 반면, 육식동물인 늑대와 곰은 덜 움직이는 경향을 보였다. 지구온난화로 기온이 상승할수록 초식동물은 먹이를 찾거나 포식자를 피하기 어려워지면서 개체수가 급격히 감소할 가능성이 높다.

두 번째 원인은 인간의 식량이다. 인간의 식량 때문에 야생동물들이 멸종의 위기에 빠지고 있다는 연구 결과가 있다. 2020년 12월 〈Science Times〉에 실린 논문에 의하면 인구 증가에 따른 농업팽창으로 2050년까지 서식지를 일부라도 잃게 될 육상 야생동물이 90%에 이를 것이라고 한다. 영국 리즈대와 옥스포드대 공동연구팀은 "식량산업이 신속한 변혁을 꾀하고 사람들이 먹거리와 생산 방식을 바꾸지 않으면 향후 몇십 년 안에 광범위한 생물다양성 상실을 직면하게 될 것"이라고 경고하고 있다.

세 번째 원인으로는 밀렵의 영향을 꼽을 수 있다. "10시간에 1마리씩 죽임당하는 코뿔소", 한 언론의 기사 제목처럼 최근 코뿔소 밀렵이 급격히 증가하면서 코뿔소가 멸종위기에 처했다고 듀크대학 연구진이 밝혔다. 코뿔소 밀렵을 막기 위해 나미비아 정부는 코뿔소 밀렵 벌금을 10배 이상 인상했고, 징역형도 20년에서 25년으로 늘렸다. 그럼에도 인간의 탐욕으로 인한 밀렵이 성행하면서 코뿔소는 점점 사라지고 있다.

인간의 무차별적인 혼획으로 인해 해양생물들도 사라지고 있다. 2020년 5월의 FAO의 보고서에는 전 세계 어획량 중 40%가 혼획이며 이 가운데 25%는 다시 바다에 버려진다고 한다. 가장 많이 희생되는 어종은 바다거북, 고래류, 상어류, 가오리, 바닷새이다. 이들 대부분은 낚싯바늘이나 그물에 걸려 죽는다. 세계자연기금 보고서에서도 한해 평균 30만 마리의 고래와 330만 마리의

상어가 혼획으로 죽임을 당하고 있
다고 밝히고 있다.

남획
적정어획량을 넘어 자원이
감소할 만큼 마구 잡아들이
는 일

우리나라도 고래 혼획 문제가 심
각하다. 2011~2017년 동안 우리나
라 연안에서 혼획된 고래가 무려 1만 2천 마리나 되었다. 가장 많
이 희생된 고래는 상괭이로, 개체수가 6~7년 사이에 거의 3분의
1로 줄어들었다.

담수어류들도 인간의 남획* 및 인간활동으로 인해 급속히 개체
수가 줄어들고 있다. 특히 다른 생물들보다 몸집이 큰 생물인 '거
대 동물megafauna'들은 더 위험하다. 예를 들어 담수 생태계에서 거
대 동물이란 30kg 이상 성장하는 종으로, 철갑상어, 메콩대형메
기, 강돌고래, 수달, 비버, 하마 등이 이에 해당한다.

마지막으로 한 종이 멸종위기에 놓이면 거기에 기대 살던 다른
종도 함께 사라지는 '도미노 효과'가 있다. 지구에 5천 마리 미만
이 살아남은 동물의 84%는 1천 마리 미만이 사는 동물과 같은 지
역에 살고 있다. 이들은 대부분 인간의 영향을 많이 받는 열대지
역으로, 인간에 의한 여섯 번째의 대멸종이 벌어지고 있다는 증거
이며 생물다양성이 붕괴하기 시작하는 증거로도 본다.

생물종들이 사라지면 인류는 어떻게 될까? 인류만 지구에서 살
아갈 수가 있을까? 우리 모두 자연생태계 회복에 노력해야만 한다.

지구에서
사라지는 꿀벌

해외에서 작품성을 크게 인정받은 〈허니〉라는 터키 영화가 있다. 이 영화를 보면서 놀란 사실은 엄청나게 많은 꿀벌이 우리 주변에서 점점 사라진다는 것이었다.

이 영화의 주인공인 소년 유스프는 말더듬이에 수줍음을 타는 소년이다. 이 소년이 가장 의지하는 사람은 자상한 아버지이다. 아버지는 양봉업자로 벌꿀을 채취하는 일을 한다. 그런데 어느 순간부터 꿀벌이 줄어들어 양봉을 하기 어렵게 되고, 소년의 아빠는 벌꿀통 설치를 위해 점점 더 깊은 숲속으로 들어가게 된다. 그리고 영영 돌아오지 않는다. 꿀벌의 급격한 감소가 한 가정을 파괴시킨, 기후변화와 환경파괴를 고발한 영화라고 볼 수 있다.

⊕ 꿀벌이 인류에게 주는 경제적 이익은 엄청나다

꿀벌을 '지구 생태계의 대들보'라고 말한다. 꿀벌로 인해 지구의 역사가 바뀐 일이 있다. 약 1억 4,500만 년 전에 꿀벌이 등장하면서 그때까지 지구를 지배하던 식물 왕좌 자리가 '겉씨식물'에서 '속씨식물'로 바뀌었다. 겉씨식물은 바람, 물 등에 의해 꽃가루를 날려 번식하는 종이다. 그와 다르게 속씨식물은 밑씨가 씨방 안에 들어 있어서 누군가가 도와주어야 번식이 가능했다. 그런데 꿀벌이 나타나면서 속씨식물이 번성하게 되었고, 현재는 육상 식물의 95% 이상을 차지하고 있다.

꿀벌로 인해 번성한 속씨식물은 포유류, 파충류, 조류 등 수많은 생물의 먹이가 되었고, 인류 역시 곡식이나 과일 등의 식량자원을 얻을 수 있었다. 꿀벌은 꽃의 암술과 수술 사이를 오가며 식물의 번식을 돕는데, 전 세계 곡물의 35%가 꿀벌의 도움을 받고 있다. "꿀벌이 지구 육상 생태계의 대들보 역할을 한다"는 말은 결코 과언이 아니다. 꿀벌은 지구상에서 가장 열심히 일하는 생물로, 재배식물이나 야생식물의 번식을 위한 중요한 생태계 서비스를 제공하고 있다.

꿀벌은 먹이사슬에서 핵심적인 역할을 하는데, 하루 동안 암컷 벌은 수백 송이의 꽃들을 방문하며 도중에 꽃가루를 축적하고 수분작용을 한다. 전 세계를 먹여 살리는 작물 식물의 약 3분의 2는 곤충이나 다른 동물들의 수분작용에 의존한다. 수분작용은 과일, 견과류, 씨앗의 풍부한 생산을 가능하게 할 뿐만 아니라 더 다양하고 더 좋은 품질을 제공해준다. 이처럼 꿀벌이라는 존재는 인간 생명 유지 및 생물다양성에 매우 중요한 역할을 하는 아주 이로운 동물이다.

꿀벌이 주는 경제적 이익은 어느 정도나 될까? 전 세계에서 생산하는 농작물은 꿀벌 의존도가 높다. 국제환경보호단체인 그린피스 Greenpeace는 꿀벌이 식량 재배에 기여하는 경제적 가치가 373조 원이나 된다고 주장하고 있다. 우리나라에서만 꿀벌의 경제적 가치는 6조 원에 달한다. 유엔 식량농업기구 FAO는 100대 농산물 생산량의 꿀벌 기여도는 71%에 달한다고 주장한다. 당장 꿀벌이 없다면 100대 농산물의 생산량이 현재의 29% 수준으로 줄어들 수 있다는 것이다.

전 세계적으로 꿀벌을 비롯한 꽃가루 매개자들은 약 190조 원의 농작물을 생산하는 데 도움을 준다고 코넬 대학의 스콧 맥아트 Scott McArt 교수는 밝히고 있으며, 미국 양봉협회는 꿀벌들이 매년 거의 22조 원의 미국의 농작물 생산에 기여하고 있다고 말한다. 예를 들어 캘리포니아 아몬드 산업은 거의 100만 acre의 과수원을 수분시키기 위해 약 180만 개의 꿀벌 군락이 필요하다.

그렇다면 꿀벌이 줄어들면서 나타나는 문제는 무엇일까? 우선 농사 비용이 증가한다. 미국의 캘리포니아주는 전 세계 아몬드의 약 85%를 생산하는데, 벌들의 수분작용에 전적으로 의존한다. 그런데 벌들이 줄어들면서 수분을 위해 벌을 빌리는 비용이 증가하고 있다. 통상 벌의 한 군집군에 대한 임대비용이 80~150달러에서 2020년에는 300달러까지 올랐다. 임대비용의 증가는 식량 가격을 올리는 요인이 된다. 꿀벌에 의한 수분작용이 없다면, 많은 농작물들이 필수 미량 영양소를 잃게 되고, 식량부족이 발생할 것이다. 과일, 채소, 견과류부터 식물을 먹고 자라는 동물에 의한 낙농 제품까지 영향을 미치게 된다.

"꿀벌이 사라진다면 한 해 142만 명의 사람들이 사망할 것으로 예상됩니다." 2015년 〈The Lancet〉에 실린 하버드 공중보건대 사무엘 S 마이어 Samuel S Myers 교수 연구팀의 연구내용이다. 꿀벌이 100% 사라지면 전 세계의 과일 생산량의 22.9%, 채소 생산량의 16.3%, 견과류 생산량의 22.9%가 감소한다. 이에 따라 저소득층이 이용할 수 있는 과일, 채소 등이 크게 감소하고, 세계적인 식량난과 영양부족으로 많은 사람들이 기아로 사망할 수 있다는 것이다. 또한 과일, 채소 및 견과류를 사료로 삼고 있는 가축들의 수도 감소하기 때문에 낙농 제품, 육류 등 식품군 전체에도 큰 영향을 미칠 것으로 분석된다.

뉴욕 코넬대 연구진은 "아몬드는 100%, 딸기·양파·호박·당근·사과 등은 90% 정도 꿀벌의 수분에 영향을 받는다"고 밝힌다. 꿀벌에 의지하는 식품들이 사라지면서 식품의 가격 상승과 품질 하락이 따라오고, 꿀값도 폭등할 수밖에 없다. 여기에 더해 생태계 붕괴 가능성도 있다. 전문가들은 꿀벌이 사라져 식물의 화분

6장 꿀벌이 사라지면 인류도 없다

매개 역할을 하지 못하게 되면 식물이 열매를 맺지 못해 사라지게 되고, 자연히 식물을 먹이로 삼는 초식동물이 사라지고, 분해생물과 미생물도 도미노처럼 연쇄적 영향을 받게 될 것으로 본다. "꿀벌이 사라지면 인간도 사라진다"는 아인슈타인의 예언은 결코 과장이 아닌 것이다.

⊕ 지구에서
꿀벌이 사라지고 있다

"꿀벌의 멸종이 다가왔다는 가설은 사실일까요? 전 세계의 꿀벌 개체수가 감소하고 있는 것은 사실입니다. 미국의 경우 2006년부터 벌이 떼죽음을 당하기 시작해 최근 10년간 개체수가 40% 가량 감소했다고 합니다. 이런 현상은 미국뿐 아니라 북미의 캐나다와 브라질을 비롯한 남미, 프랑스나 영국 등 유럽에서도 나타나고 있습니다. 유럽은 1985년에 비해 25%가 줄었고, 영국은 2010년 이후 45% 정도 꿀벌이 사라졌다고 합니다." 2020년 2월 4일자 〈아시아경제〉의 보도 내용이다.

영국 레딩대 사이먼 포츠 교수 연구팀은 유럽 지역의 벌집 수를 조사한 결과, 유럽의 꿀벌 개체수가 현재 필요한 양의 3분의 2 수준이어서 총 70억 마리 정도가 부족하다고 밝혔다. 미국 메릴랜드 대학과 연계 연구단체인 ABC의 2019년 7월 리포트에 의하면 2018년 10월 1일부터 2019년 4월 1일까지 관리 꿀벌 개체의 37.7%가 감소했는데, 이것은 2017~2018년 겨울 같은 기간보다 7%P더 감소한 양이었다. 2006년부터 조사한 이래 가장 큰 폭의 꿀벌 감소라고 연구팀은 밝혔다.

2021년 2월 아르헨티나 코매휴 국립대 연구진은 〈One Earth〉에 게재된 논문에서 야생 꿀벌이 사라지고 있다고 밝혔다. 이들은 전 세계에서 목격된 꿀벌 종의 데이터를 수집해 분석해보니 2015년 기준 발견된 야생 꿀벌 종이 1990년에 비해 25%가량 감소했다는 것이다.

우리나라 양봉협회 발표에서 2018~2019년 겨울 동안 꿀벌 개체수의 40%가 줄어들었는데, 이것은 13년 전 조사가 시작된 이래 가장 높은 비율이었다. 과학자들은 꿀벌들이 사라지는 이런 현상을 '봉군붕괴현상Colony Collapse Disorder, CCD'이라고 말한다. 꿀과 꽃가루를 채집하러 벌집을 나선 벌들이 집으로 돌아오지 않아 유충과 여왕벌이 폐사하는 현상이다.

"전 세계 벌 개체수의 감소는 인간의 복지와 생계에 중요한 다양한 식물들에게 심각한 위협이 되고 있으며, 국가들은 기아와 영양실조에 대항하는 우리의 주요 동맹국들을 보호하기 위해 더 많은 조치를 취해야 합니다." 유엔이 지정한 '세계 벌의 날'인 2020년 5월 20일에 세계식량기구가 강조한 말이다.

세계식량기구는 벌들과 다른 꽃가루 매개자들이 전 세계적으로 급속히 줄어들고 있다고 경고했다. 집중적인 농업 관행, 과도

6장 꿀벌이 사라지면 인류도 없다

한 농약 사용, 그리고 기후변화와 관련된 높은 온도로 인해 농작물 수확도 줄어들고 영양가도 줄어들고 있다는 것이다. 세계식량기구의 보고서대로 간다면 과일, 견과류, 그리고 많은 야채와 같은 영양가 있는 농작물이 사라지면서 인류의 식단이 매우 불균형해질 것이다.

꿀벌 개체수가 줄어드는 원인에는 여러 가지가 있다. "지구온난화와 환경오염으로 20년 후인 2035년경 꿀벌이 멸종할 수 있습니다." 2017년 농협경제지주 축산경제의 주간보고서 〈해외 축산정보 17호〉에 나온 이야기다. "벌들은 기후변화, 집약적인 농업, 살충제 사용, 생물다양성 손실, 오염의 복합적인 효과로 큰 위협을 받고 있습니다." 세계식량기구의 다 실바Jose Graziano da Silva 사무총장의 말처럼 여러 복합적인 이유로 꿀벌은 줄어들고 있다.

꿀벌 감소의 첫째 원인은 기후변화이다. 제레미 커Jeremy T. Kerr 오타와 대학교 교수팀은 2018년 8월 〈Science〉에 실린 논문에서 꿀벌들이 지구온난화 적응에 어려움을 겪고 있으며, 기온이 낮은 지역으로 이주하지 못해서 죽어가고 있다고 주장했다. 꿀벌은 온도변화에 아주 민감한 변온동물인데, 지구온난화로 인한 이상 기후로 갑자기 기온이 내려가거나 비가 많이 쏟아지면 적응하지 못해 쉽게 죽을 수 있다는 것이다. 여기에다가 지구온난화로 꽃이 피고 지는 기간이 짧아져 꿀벌이 꿀을 모을 수 있는 기간도 짧아지게 되었고 생존권이 위협받고 있는 것이다.

인천대학교의 벌꿀 감소와 기후변화에 관한 연구를 보면 기후변화와 날씨가 많은 영향을 주고 있다고 주장한다. 지구온난화로 봄꽃의 개화시기가 6~8일 앞당겨지고 있고, 전국적으로 꽃이 피어 있는 기간은 짧아지고 있다. 그만큼 꿀벌들의 활동주기가 짧아지고 꿀벌들의 먹이가 줄어들어 영양은 결핍되는데, 대기오염과 농약으로 인한 오염이 늘어나다 보니 개체수가 급속히 줄어든다는 것이다.

또 다른 꿀벌 감소의 원인은 다양한데, 그중의 하나가 진드기이다. 텍사스 A&M 대학의 양봉 검사의 책임자인 메리 리드^{Mary Read} 박사는 "암컷 진드기는 숙주에서 꿀벌 애벌레가 있는 세포로 기어들어가 번식합니다. 진드기가 성충 꿀벌을 죽이지는 않지만, 그들은 벌꿀의 건강을 약화시켜 수명을 줄이고 있습니다"라고 주장한다. 또 다른 원인으로는 바이러스나 곰팡이 등이 있다.

⊕ 우리나라 꿀벌도 사라지고 있다

꿀벌이 사라지면서 한국산 꿀이 사라지고 있다. 2018년에는 본격적인 꿀 채취가 이뤄지는 5월에 꿀벌의 폐사가 늘었다. 비가 자주 내리고 기온이 떨어져 전국 곳곳에서 꿀벌 바이러스 질병이 발생했기 때문이다. 이로 인해 양봉 농가도 타격을 입었는데, 총수입에서 생산비를 뺀 양봉 농가의 벌통 100개당 순소득은 207만 원

6장 꿀벌이 사라지면 인류도 없다

으로 2017년(2,691만 원)의 10분의 1도 되지 않았다. 2019년 4월에 발표된 한국농촌경제연구원^{KREI}의 〈양봉산업 위기와 시사점〉 보고서 등에 따르면 국내 벌꿀 생산량은 2019년에 9,685톤으로 2014년(2만 4,614톤)에 비해 60.7% 급감했다. 이 가운데 야생의 꽃이나 수액에서 얻는 '천연꿀'이 2014년 2만 1,414톤에서 2018년에 5,395톤으로 74.8%나 줄었다.

보고서에서는 벌꿀 생산량이 줄어든 원인으로 이상기후를 꼽았다. 지구온난화가 지속되면서 봄꽃의 개화 시기가 예전보다 6~8일 앞당겨져 벌들의 활동주기와 시차가 생기다 보니 꿀벌의 채집이 줄고 있다는 것이다. 농촌경제연구원은 2018년의 경우 봄 고온·저온현상이 연달아 나타나 우리나라 대표 밀원蜜源(꿀벌이 꽃 꿀을 찾아 날아드는 식물)인 아까시나무의 꽃대 발육이 저하된 것이 영향을 미친 것으로 분석했다. 또한 꿀벌의 개체수가 줄어든 것도 요인으로 꼽힌다.

우리나라 토종 꿀벌도 멸종위기로 내몰리고 있다. "먹이 줄고 천적 늘어난 토종 꿀벌… 15년 내 멸종 위기", MBN의 2020년 7월 28일 기사 제목이다. 토종 꿀벌이 줄어드는 것은 우리나라의 기온이 점차 높아지면서 아카시아나 밤꽃처럼 꿀이 많이 나던 식물에서 꿀이 나오지 않으면서 비롯되었다. 여기에다가 기후변화로 인해 외래종 말벌 개체수에도 영향을 미쳤는데, 특히 중국에서 건너온 꿀벌의 천적인 등검은말벌이 최근 급증하고 있는 것도 원인이다.

농림축산식품부에 따르면 2010년대 초반 '낭충봉아부패병'을 일으키는 악성 바이러스가 번지면서 한국의 토종 꿀벌의 70%가 사라지기도 했다. 낭충봉아부패병은 꿀벌의 유충에서 발생하는 바이러스성 질병이다. 감염되면 유충은 서서히 건조, 폐사에 이르게 된다. 전염성이 매우 강해 한 번 발병하면 벌집 전체가 초토화된다. 꿀벌이 사라지는 것에 대한 대책이 속히 나와야 한다.

산호의 죽음은
아픔이다

1980년에 영화 〈블루라군The Blue Lagoon〉이 개봉했을 때 사람들은 남태평양의 아름다운 산호초에 반해버리고 말았다. 이 영화는 난파한 배에서 표류한 어린 남자와 여자 아이가 산호초에서 살아가는 모습을 그리고 있다.

이 영화의 제목으로 사용된 '라군'은 석호潟湖, lagoon를 말한다. 석호는 산호로 인해 바다로부터 분리되어 형성된 호수로, 수심이 얕고 바다와는 산호로 격리되긴 했지만 지하를 통해서 해수가 섞여드는 일이 많아 염분 농도가 높다. 부유성 플랑크톤이 담수호에 비해 풍부해 산호가 많이 만들어진다.

⊕ 아름다운 산호는 어떻게 만들어질까?

산호는 어떻게 만들어지는 것일까? 산호는 식물이나 광물이 아니라 동물이다. 촉수를 가진 매우 작은 동물들이 모인 군체 모습으로, 이 작은 하나하나의 동물 개체를 '산호 폴립'이라고 한다. 폴립에는 말미잘과 같은 구조의 촉수가 있어서 물속을 떠다니는 플랑크톤을 먹고 산다. 군체를 이룬 산호의 아래에는 석회질의 유해^{遺骸}가 쌓여 산호초를 만든다. 즉 산호는 동물이고, 산호초는 산호가 모여서 시간이 걸려 만들어 낸 석회질 지형을 이야기하는 것이다.

산호는 광합성을 하는 황록공생조류^{黃綠共生藻類, 갈충조}와 공생한다. 산호는 황록공생조류가 광합성을 하지 않는 야간에는 촉수

그림12 산호의 모습

자료: 셔터스톡

6장 꿀벌이 사라지면 인류도 없다

를 써서 활동한다. 산호의 골격이 굳으면 석회암이 되는데, 수심 18~30m의 따뜻한 바다에서만 거대한 석회암이 만들어진다.

산호 군체의 형태는 테이블 모양, 나뭇가지 모양, 덩어리 모양, 잎 모양 등으로 나누어진다. 산호 군체의 형태에 가장 큰 영향을 주는 요인은 빛의 세기이다. 예를 들어 테이블 모양의 산호는 수심 10m 정도의 양지 바른 해저에서 많이 자란다. 나뭇가지 모양의 돌산호 무리는 파도가 없고 빛이 많은 곳에서 자란다. 산호 중에서 가장 많은 나뭇가지와 같은 형태는 빛을 많이 받아들이는 데 적합하다. 또한 사람의 뇌 모양 같은 산호는 뇌산호라 한다. 성장 속도는 느리며, 파도가 심하게 치는 곳이나 빛이 적은 깊은 해저에서 만날 수 있다.

산호가 늘어나는 방식은 두 가지인데, 정자와 난자가 수정하는 유성생식, 폴립의 분열이나 출아_{出芽} 등으로 늘어나는 무성생식이 있다. 얕은 바다에 사는 산호의 약 80%는 암수한몸(자웅동체)이며, 약 20%의 산호는 암수딴몸(자웅이체)으로 암수 각각의 군체가 있다. 많은 산호는 바닷물의 온도가 상승하는 초여름의 보름달 무렵에 해가 지고 달이 뜨고 나서 몇 시간 후에 산란을 하는데, 1년에 1회만 일어나는 이벤트이다. 산호초는 찰스 다윈^{Charles Robert Darwin}이 1842년에 분류 방법을 고안했고, 지금도 그대로 사용된다.

산호는 지구의 기온변화를 알려주는 매우 중요한 기후지표이다. 그렇다면 산호가 기후지표로 유용한 이유는 뭘까?

산호는 탄산칼슘으로 몸을 감싼 폴립이라는 해양 무척추동물의 집합으로 만들어진다. 수백만 개의 폴립들은 이 구조물 속에 서식하는 조류에서 영양분을 취한다. 가장 많은 산호는 햇빛이 얕은 물을 투과해 조류의 광합성을 만들어내며, 해수온도가 높은 곳에 산다. 또한 폭풍이나 큰 파도의 영향이 비교적 적어야 한다. 수백 년 된 산호들은 대개 태평양 동부의 섬들에서 많이 발견된다.

기후학자들은 산호 분석을 통해 해양에서 벌어진 엘니뇨에 관한 귀중한 자료를 얻는다. 해수온도의 영향을 가장 많이 받는 동태평양 바다에 수백 년 이상의 좋은 산호초가 많이 남아 있기 때문이다. 산호에는 성장테가 기록되어 있다. 그 동위원소 함량을 분석하면 산호가 천천히 성장할 때 해수온도의 변화를 알 수 있다. 우라늄-토륨연대측정으로도 중요한 기후자료를 얻을 수 있는데, 이는 방사선을 이용해 산호 탄화물의 연대를 측정하는 기술이다. 이를 통해 12~14세기에는 엘니뇨 현상이 지금보다 적었던 것을 밝혀내기도 했다.

⊕ 산호의 백화현상은 왜 일어날까?

국제자연보호연맹은 이산화탄소의 양을 줄이지 않으면 앞으로 20~40년 안에 대부분의 산호초가 사라질 것이라고 경고했다. 산호는 왜 사라지는 것일까?

그림13 **백화현상이 나타난 산호의 모습**

자료: 호주(ARC) 산호초연구센터

산호에게 가장 취약한 환경은 크게 세 가지로 나눌 수 있다.

첫째, 수온 상승이다. 산호초는 열 스트레스에 취약하다. 바닷물의 온도가 약 1~3℃ 상승하면 산호초가 백화현상으로 사라진다. 백화현상을 과학자들은 산호의 'SOS'라고 말한다. 백화현상은 무엇이며 왜 심각할까?

산호의 색깔은 산호 자체가 가진 색소와, 포함되어 있는 황록공생조류의 양에 따라 정해진다. 갈색의 경우는 황록공생조류의 양이 많다는 뜻이다. 즉 산호의 알록달록하고 선명한 색은 표면에 사는 플랑크톤 때문이다.

그런데 수온상승으로 인해 플랑크톤이 살 수 없는 환경이 되면 산호는 색을 잃고 백화현상이 나타난다. 이 이야기는 해수온도가 상승하게 되면 산호는 스트레스를 받게 되고, 황록공생조류가 산호 안에서 광합성 능력을 잃고, 비정상적인 황록공생조류는 산호에서 배출된다는 것이다. 이럴 경우 산호는 골격이 투명해지면서 희게 보이는데 이것을 산호의 백화현상이라고 한다.

지금까지 산호초 백화현상이 심하게 발생한 해는 지구의 온도가 극심하게 상승했던 시기와 일치하고 있다. 다만 백화는 죽는다는 것은 아니다. 높은 바닷물온도가 사라지고 정상으로 돌아와 황록공생조류가 돌아오면 죽음을 면하게 된다.

둘째, 바닷물의 산성화도 산호초를 황폐화시킨다. 바다는 이산화탄소를 흡수하는데, 바닷물에 용해된 이산화탄소가 바닷물을 산성화시킨다. 그러면 산호가 석회질의 골격을 만드는 것을 억제하면서 성장이 저해된다. 1750년 이후 해수의 pH가 평균 0.1 이상 감소했다면서 미국해양대기청 과학자들은 바닷물 산성화로 인한 산호초의 골격 부식을 경고하고 나섰다.

셋째, 해수면의 상승이다. 햇빛을 필요로 하는 산호초들은 상승하는 해수면을 따라잡으면서 산호초를 빨리 쌓아올려야 하는 추가적인 압력을 받는 요인이 된다. 이것 역시 산호초가 사라지는 한 요소가 될 것이라고 과학자들은 말한다.

사람은 죽을 때가 가까워지면 고향으로 돌아가려는 심성이 있고, 코끼리들은 죽을 때가 되면 사람들이 알지 못하는 장소로 가서 죽는다고 한다. 그런데 산호도 자기의 미래를 예지하는 능력이 있다는 주장도 있다.

"산호는 백화현상을 보여주며 지구 기후변화를 스스로 말해준다"는 주장이 아인 스워스 등 호주의 과학자들에 의해 제기되었다. 연구팀은 해수온도가 올라가면서 복합적인 분자 신호가 나와 산호와 그 기생조류를 스스로 자해하도록 만든다는 것을 알아냈다. 이런 현상은 산호 백화현상시의 수온보다 3℃ 정도 낮은 온도에서 시작된다는 것이다. 이들은 바닷물온도 상승이 산호초에게

6장 꿀벌이 사라지면 인류도 없다

치명적이라는 것을 밝혀냈다. 즉 살아 있는 유기체의 고사枯死 혹은 세포소멸細胞消滅이라는 자기 방어시스템을 작동하는 현상이 백화라는 것이다.

⊕ 세계 최대의 산호초도 죽어가고 있다

산호초의 생태위기에 관한 경고는 2000년대에 들어와 수많은 학자와 환경단체에 의해 제기되었다. 산호가 사라지면 산호초에 기생하는 어류 등 해양생물도 같이 사라지게 된다. 여기서 문제는 얕은 바다의 산호초뿐만 아니라 깊은 바닷속 산호초도 죽어가고 있다는 것이다.

2018년 6월 〈Science〉지에 미국-호주 공동 연구진의 연구논문이 게재되었다. 연구진은 해저 30~150m 깊이에 있는 심해 산호초도 얕은 바다에 있는 산호초 못지않게 다양한 생태계 파괴를 겪고 있다고 발표했다. 이들은 대서양과 태평양 일대에서 잠수해 심해 산호초를 직접 관측했다.

지금까지는 10m 미만 수심의 산호초에서 주로 발견됐던 것이 백화현상이다. 이러한 백화가 진행된 상태로 오래 지속되면 산호초 자체가 죽어 주변의 해양 생태계도 무너져버린다. 미국-호주 공동 연구진은 바하마 럼케이섬 인근 해저 85m 깊이에서 산호초의 일종인 아가리시아 라마르키가 하얗게 변한 것을 발견했다. 지금까지 심해는 수온이 낮고 대류가 약하기 때문에 산호초는 얕은 바다보다 상대적으로 안전할 것으로 여겨졌는데, 실제는 달랐다는 것이다.

그리고 지금까지는 얕은 바다의 산호가 죽으면 이 산호를 떠난 해양생물들이 심해 산호초로 서식지를 옮긴다고 알려져 있었다. 그러나 이번 연구를 통해 해안 근처 산호초에 서식하는 생물 종과 60~150m 깊이의 심해 산호초에 서식하는 생물 종의 유사성이 2.1% 이하였다는 것이 밝혀졌다. 이 이야기는 심해가 생물의 피난처가 되지 못하고 있다는 뜻이다.

이렇게 심해의 산호초에서도 백화현상이 발생하는 것은 지구온난화의 영향이다. 예전에는 엘니뇨가 극심한 해에 대규모 백화현상이 발생했는데, 이제는 지구온난화로 인해 엘니뇨와는 무관하게 대규모 백화현상이 일어나고 있다.

또한 지구상에서 가장 거대한 산호초에 백화현상이 발생하고 있다. 이는 기후변화가 가져온 역대 최악의 산호초 백화현상이다. 2020년 초에 호주연구협의회^ARC 산호초연구센터 연구진이 그레이트배리어리프의 1,035개 산호 군락을 항공 관측한 결과, 전체 산호초의 60.2%가 백화현상을 겪고 있다고 보고했다. 호주 북동 해안에는 우리나라 면적의 2배에 이르는 세계 최대 산호초 지대 '그레이트배리어리프'가 있는데, 이는 거대한 해양생물의 보고이기도 하다. 그레이트배리어리프 지역에서 대규모 백화현상이 나타난 것은 1998년, 2002년, 2016년, 2017년에 이어 이번이 다섯 번째이다.

특히 이번 대규모 백화현상은 지금까지와 달리 남부의 광범위한 지역까지 발생했다. 지금까지 그레이트배리어리프 남부지역은 수온이 상대적으로 낮아 백화현상으로부터 안전한 지역으로 여겨졌지만, 이 지역까지 피해가 확대된 것이다. 2020년 2월 그레이트배리어리프 지역의 온도는 호주 기상청이 관측을 시작한 1900년 이래 가장 높은 온도를 기록했다.

연구진은 과거에는 엘니뇨 등 이상기후가 발생한 때에 백화현상이 발생했지만, 최근 호주의 여름 평균기온이 높아지면서 엘니뇨가 발생하지 않은 해에도 백화현상이 나타나고 있다고 밝혔다. 지속적인 기온 상승은 산호가 백화된 후 회복할 시간이 없기에 더욱 악화되고 있다고 주장한다. 이처럼 산호초의 죽음은 바다 생물에게는 아픔이고 재앙인 것이다.

산호초의 종류에는 무엇이 있을까?

『종의 기원』을 쓴 찰스 다윈은 산호초를 거초, 보초, 환초라는 세 가지 형태로 분류했다. 거초(fringing reef, 裾礁)는 섬이나 대륙 주변에 에워싸듯 발달한 산호초를 말한다. 보초(barrier reef, 堡礁)는 연안에 거의 평행하게 형성되지만 석호나 그 밖의 물로 연안과 분리된 산호초를 말한다. 환초(atoll, 環礁)는 초호(礁湖)를 둘러싸고 있는 산호초로, 지름이 수십 km에 이른다. 대부분의 환초는 심해대양저에서부터 고조시(高潮時)의 수면 바로 아래까지 상승하는 해저지형이다.

환초는 해저산의 꼭대기에 위치해 있다. 화산이 폭발해 해수면 위로 솟아 나오면, 그 가장자리에 시간이 흐르면서 산호가 생성된다. 이것이 거초로, 거초는 외양 쪽으로 자라면서 점차 보초로 바뀌어간다. 시간이 흐르면서 화산이 가라앉고, 산호는 해가 잘 드는 얕은 곳에 남아 있기 위해 계속 자란다. 화산이 가라앉아 결국 보이지 않게 되어도 주변에 고리모양의 산호초는 남는다. 바로 이것이 환초이다.

세계 최고의 산호초는 오스트레일리아 북동 해안에 있는 대보초이다. 2,300km에 이르는 해안을 따라 540개의 육상 기원 섬과 2,100개의 산호초가 포함된 것으로, 우주에서도 관측이 될 정도로 장관이다.

필자가 학생들에게 영화 감상을 하고 리포트를 작성하라는 과제를 줄 때 제시하는 영화가 <마션>이다. 명장 리들리 스콧이 감독했고, 맷 데이먼이 주연인 영화다. 영화에서는 화성의 모래폭풍으로 혼자 남겨진 주인공의 생존과 귀환 이야기를 그렸다. 필자에게 가장 흥미로웠던 점은 화성에서 식물을 재배하는 모습이었다. 주인공은 시카고대학교를 졸업한 식물학자이다. 화성 흙에서는 식량을 재배할 수 없다는 것을 알고 있다. 박테리아의 활동도 영양분도 없기에 식물이 자라지 않는다. 주인공은 자신과 동료 우주인의 똥과 지구에서 갖고 간 약간의 흙에서 필요한 영양분과 박테리아를 얻는다. 그리고 감자 재배에 성공한다. 멀지 않은 미래에 식량은 세계적으로 매우 심각한 문제가 될 것이다. 영화 <마션>을 보면서 화성에서 감자를 만들어내는 열정과 지식이 부러웠다.

식량난과
주기적인 팬데믹이 온다

기후변화는
식량감산을 부른다

"햄버거에 토마토를 제공하지 못할 수 있습니다." 2020년 8월 버거킹의 공지이다. 햄버거에 토마토를 넣지 못하게 된 것은 기후변화 때문이다.

2020년 8월 25일 기준 토마토 10kg(중품 기준)의 도매시장 가격은 5만 8,160원으로, 1년 전 2만 4,720원의 딱 2배 수준으로 올랐다. 54일에 이른 긴 장마와 연이은 태풍 영향으로 가격이 급등한 것인데, 다른 패스트푸드 체인들도 사정은 다르지 않았다. 맥도날드 일부 매장에서는 햄버거에 토마토를 뺀 대신 음료 쿠폰을 제공하고, 롯데리아는 토마토 슬라이스를 빼는 대신 가격을 할인하겠다고 밝혔다. 장마의 영향은 식품가격 상승을 이끌었다.

⊕ 식량문제는
너무나 심각하다

앞에서 보듯이 기후변화는 당장 식품생산에 영향을 준다. 2020년
에 긴 장마의 영향이 이어지면서 9월에는 양배추, 오이 등의 채소
가격은 작년 동기보다 50% 이상 올랐다. 축산물 가격도 고공행진
을 이어갔다. 한우 등심 1등급 가격은 5월 12일 기준 1kg당 9만
3,790원에서 8월 21일 기준 10만 693원으로 올랐고, 닭고기 값
도 따라 올랐다. 농수산업계 관련 전문가들은 농·축산물 가격이
오른 것이 우리나라 장마 영향도 있지만 중국의 역대 장마의 영향
도 있다고 보고 있다. 게다가 코로나19 여파로 세관 통과도 어려
워졌고, 중국도 농산물 품귀현상이 빚어지고 있다는 것이다.

　이런 현상들이 이례적인 장마의 영향이라고 하지만 '이상기상
Abnomal Weather'이 점점 빈발하는 한반도 기후를 고려하면 가까운
미래에는 매일같이 마주치는 일상이 될 가능성도 있다. 지금까지
는 산발적이고 국지적인 현상으로 취급되던 이상기상 문제가 국
제사회에서 공식적으로 '환경' 문제가 아닌 '먹고사는' 경제 문제
로 급부상하고 있다. 북극곰이 죽거나 남태평양의 몰디브가 물에
가라앉는다는 위협을 넘어 인류의 생존을 직접적으로 위협하는
식량문제가 발생할 것이다.

　안토니오 구테흐스Antonio Guterres 유엔사무총장은 "50년 만의
최악의 식량 위기가 올 수 있다"고 2020년 7월에 경고하고 나섰

다. 유엔 식량농업기구^{FAO} 막시모 토에^{Maximo Torero} 수석경제학자는 팬데믹으로 인한 봉쇄로 식량을 사고팔 수 없게 되었고, 세계 식량 시스템이 위협받고 있다고도 한다. 2020년 초에 스위스 다보스에서 개최된 세계경제포럼은 향후 10년 세계 경제의 가장 큰 리스크 '톱5' 모두를 기후변화에서 기인한 환경 문제로 꼽았다. 이들의 분석을 보면, 전 세계 44조 달러 규모의 경제적 가치창출 활동이 자연과 자연이 제공하는 서비스에 의존하고 있다. 이는 전 세계 국내총생산^{GDP}의 절반을 넘는 규모로, 기후변화에 따른 자연 손실이 환경을 넘어 인간의 경제적 활동 절반에 직접 영향을 미친다는 얘기다.

그런데 기후변화로 가장 치명적인 타격을 받는 것이 식량 부문이다. 생산량이 줄고, 가격이 급등하며, 굶는 인구가 늘어난다. 세계적인 컨설팅회사인 매킨지는 해수온도 상승으로 인한 조업부진으로 어업 종사자가 약 8억 명 줄어들 것으로 예측했다. 유엔세계식량기획^{WFP}은 이미 저개발국가를 중심으로 기후변화가 식량자급 능력에 문제를 일으키고 있다고 본다. 이들에 따르면 2018년 기준 지구상의 기아 인구는 8억 2,100만 명 이상으로 추산되는데, 이는 1년 전보다 1,100만 명 증가한 수준이다.

기후변화로 식량이 줄어들면 가난한 나라들은 식량부족으로 기근에 시달리고, 선진국은 물가 상승의 압력을 받게 된다. 2019년 유엔기후변화위원회 IPCC는 온실가스 배출량을 줄이고 지속가능하게 식량을 생산하지 않을 경우, 수십 년 내에 전 인류가 '식량안보' 문제에 직면할 것이라고 주장했다. 이 보고서에서는 지구온난화로 2050년에는 주요 곡물 가격이 최대 23% 상승할 것으로 전망했다. 또 다른 전망으로 매킨지는 연간 밀·옥수수·대두·쌀 작황이 10% 감소할 확률이 지금은 6% 정도이지만 2050년이 되면 18%로 뛸 것으로 예상했다. 식료품 가격의 가파른 상승은 불가피할 것이라는 얘기다.

"2021년에는 심각한 '기근 바이러스'가 인류를 위협할 것이다." 전염병 대유행으로 식량위기가 악화될 것이라는 유엔 산하 세계식량계획의 전망이다. 비즐리David Beasley 사무총장은 "분쟁·자연재해 지역, 각국 난민수용소에서 식량 공급을 위해 노력했지만 가장 힘든 시기는 지금부터입니다. 앞으로 더 극심한 식량난과 기근이 닥친다는 점을 알리고 싶습니다"라고 경고했다.

당초 유엔 식량농업기구FAO는 2020년에 최대 1억 3천만 명이 만성적인 기근 상태일 것으로 전망했다. 그러나 코로나19 여파로 식량생산과 공급이 줄면서 전망보다 2배 늘어난 2억 7천만 명에 달했다고 한다. 특히 예멘, 베네수엘라, 남수단, 아프가니스탄 등 30여 개국에서 식량부족으로 인한 기근이 매우 심각하다. 남수단은 2020년 밀 가격이 60% 급등했고, 인도와 미얀마 등에서도 감자와 콩 가격이 20% 이상 올랐다. 2021년 세계 곡물 생산 증가량은 4,270만 톤인 반면 소비 증가량은 5,240만 톤으로 예측된다. 따라서 2021년에는 식량부족 현상이 더욱 심화될 것이라고 세계식량계획은 주장한다.

⊕ 기후변화가
식량생산을 줄인다

책 『AD 2100 기후의 반격』에 기후변화로 인한 기온 상승은 식량 대란을 부른다는 내용이 나온다. 기후변화에 가장 취약한 산업은 1차 산업인 농업이다. 가물거나 폭우가 내리거나 태풍이 올라오면 농업은 바로 직격탄을 맞는다. 농업은 단기적인 날씨변화는 물론 장기적인 기후변화에도 큰 영향을 받는다.

우리나라의 예를 들어보자. "기후변화로 2050년 우리나라 쌀 자급률은 50% 미만으로 떨어집니다." 한국농촌경제연구원의 예측이다. 그나마 지금 우리나라에서 유일하게 자급을 하는 식량이 쌀이다. 그러나 기후변화는 쌀의 자급률마저 50% 이하로 떨어뜨린다는 것이다.

그렇다면 우리에게 제2의 주식인 밀의 사정은 어떨까? 밀 자급률은 겨우 1%다. 99%는 수입해야 한다. 그런데 지구온난화로 인한 기후변화는 밀의 전망도 우울하게 만든다. 2015년, 미국을 비롯한 16개국 밀 관련 학자 53명이 한자리에 모여 다양한 자료를 통해 시뮬레이션을 했다. 그랬더니 지구 평균기온이 1℃ 상승할 때마다 전 세계 밀 생산량은 6%씩 줄어들더라는 것이다.

그럼 기후변화로 인한 식량생산은 얼만큼 줄어들까? "지구온난화로 인한 곡물 피해가 연 48조 원에 이를 것으로 보입니다." 2018년에 일본 국립연구소인 '농업·식품산업기술종합연구기구'

　　　　　　　　7장 식량난과 주기적인 팬데믹이 온다

의 연구에서 나온 내용이다. 지구온난화 현상으로 인한 기후변화로 옥수수, 밀 등 주요 곡물의 전 세계 피해액이 연간 48조 원 규모라는 것이다. 연구소는 1981년부터 2010년까지 30년 동안의 옥수수, 밀, 콩, 쌀의 생산량을 가지고 지구온난화가 발생하지 않았을 경우의 생산량과 비교했다. 그랬더니 단위면적당 옥수수는 4.1%, 밀은 1.8%, 콩은 4~5%가량 생산량이 감소하더라는 것이다. 곡물별로는 옥수수의 피해가 가장 컸는데 연평균 약 25조 2,000억 원이나 되었다.

책 『시그널, 기후의 경고』에 보면 미국 프린스턴대학교는 동아시아 지역의 식량생산이 줄어들고 있다고 주장한다. 한국과 중국 등 동아시아 지역에서는 1990년대에 기후변화의 영향으로 밀과 쌀, 옥수수의 생산량이 1~9% 떨어졌다. 대두의 경우는 23~27%나 생산량이 감소했다. 폭염만 아니라 가뭄, 그리고 지표면의 오존의 영향도 컸다고 한다.

기후변화는 작물재배의 패러다임에도 변화를 가지고 온다. 기후변화는 초콜릿의 원료인 카카오열매의 생산량을 줄이고 있다. 미국 해양대기청은 카카오 재배가 가능한 지역이 2050년까지 해발 1000피트(약 305m) 이상의 고지대로 올라갈 것으로 전망한다.

"커피를 계속 마시고 싶으면 온실가스 배출을 줄여라." 2018년 9월 〈Nature Plants〉에 실린 연구논문에서는 이번 세기 말까지 기온이 상승하면 커피 생산 지역의 절반 정도에서 커피 재배가 불가능하다고 밝혔다.

기후변화로 인해 식량생산도 줄어들지만 생산된 식량의 영양가도 떨어지고 있다. 지금 지구의 이산화탄소 수준이면 밀은 아연이나 비타민A와 같은 단백질과 미네랄이 적어지면서 영양이 감소하게 된다. 이렇게 될 경우 세계식량농업기구의 추산에 따르면 옥수수 가격은 3분의 1 인상되고, 밀은 2배로 오를 것이다.

　흥미로운 점은 기후변화로 기온이 오르면 쌀이 독해진다는 것이다. 미국 워싱턴대학 연구팀은 2020년 12월에 기후변화로 기온이 올라가면 논에서 자라는 벼에 더 많은 비소가 함유될 가능성이 높아진다고 주장했다. 연구팀은 "세계 인구의 절반이 주식으로 먹는 쌀이 온도에 매우 취약한 부분이 있다는 사실을 발견했다. 온실 실험을 통해 기온 상승에 따라 벼의 비소 흡수가 함께 증가하는 것을 알아냈다"고 밝혔다. 기온 상승은 벼의 품질을 떨어뜨리고 사람들의 건강에 나쁜 영향을 준다는 것이다.

　지구기온은 지속적으로 상승하고 있는데 식량은 계속 줄어든다면 우리는 무엇을 먹고 살 수 있을까? 식량문제의 심각성은 아무리 강조해도 지나치지 않다.

식량난으로
가난한 나라는 슬프다

"기후변화로 2050년 최대 53만 명 사망할 수도 있습니다."
2019년 1월 의학저널 〈뉴잉글랜드〉에 실린 영국의 앤드류 헤인
스 Andrew Haines 박사의 주장이다. 그는 지구온난화로 인한 기후변
화가 건강에 치명적이며, 2050년에는 연간 53만 명에 가까운 사람
들이 생명을 잃을 수 있다고 전망했다. 기후변화로 인한 식량부족
만으로 2050년에는 성인 52만 9천 명이 사망할 수 있다는 것이다.

이 수치는 5년 전 헤인스 교수가 공동저자로 참여했던 세계보
건기구 보고서보다 더 심각하다. 5년 전 보고서에서 헤인스 교수
는 2030년에서 2050년 동안 매년 25만 명이 사망할 것이라고 예
상했었다. 그만큼 기후변화가 더 심각해지고 있다는 뜻이다.

✛ 인류종말의 대기근 상황이
시시각각 닥쳐온다

"2021년에는 성경에 묘사된 인류 종말의 기근 상황이 닥쳐올 것이다." 세계식량계획의 비즐리 사무총장의 경고다. 인류가 대량 소비하고 있는 화석연료에서 발생하는 이산화탄소의 증가는 식품 생산량을 줄이고, 영양가도 저하시킨다. 또한 가축들에게도 나쁜 영향을 준다. 일부 학자들은 온도가 적당해지는 고위도 지방의 식량생산이 증가할 것이라고 주장한다. 그러나 모든 연구 결과에 따르면 기후변화가 수확량을 감소시킬 뿐만 아니라 침식, 사막화, 해수면 상승으로 인한 손실을 가져와 식량 가용성을 줄인다고 한다. 여기에 2020년부터 전 세계를 강타하고 있는 코로나19가 전 세계 식량생산과 공급에 영향을 주었다.

세계농업기구는 2020년 4월에 보고서를 발표했다. 만성적인 식량부족과 함께 코로나19로 인해 식량 위기가 닥칠 수 있다는 전망이 나오면서 식량 사재기가 고개를 들고 있다는 것이다. 식량농업기구는 이와 관련해 "코로나19 확산에 따른 물류망 붕괴 등으로 식량 위기에 직면할 수 있다. 아프리카와 중동 지역을 휩쓴 메뚜기떼 습격도 글로벌 식량 시장에 대한 또 다른 위협 요인이다"라고 경고하고 나섰다. 2020년 4월에 이미 식량 수출을 금지하는 나라도 나왔다. 연간 50만 톤의 쌀을 수출해 온 캄보디아는 4월 5일부터 쌀과 벼의 수출을 금지하기로 했다. 베트남은 3월

25일부터 쌀 수출을 중단했다. 연간 650만 톤을 수출하는 베트남의 쌀 수출 금지가 계속되면 전 세계 쌀 공급량이 10% 이상 줄어들게 된다. 태국도 4월 30일까지 계란 수출을 금지했다.

위기감이 커지면서 쌀 수입이 많은 필리핀을 비롯해 사우디아라비아 등 중동 국가들은 앞다퉈 식량 비축에 나섰다. 14억 인구를 가진 중국에서도 쌀과 기름 등을 사재기하는 현상이 나타났다. 세계 최대 밀 수출국인 러시아는 4월부터 6월까지 곡물 수출을 제한했다. 세계 최대의 밀 수입국인 이집트는 곡물 구매를 늘리고 콩류 수출을 중단했다. 세계의 밀 가격은 8%, 쌀 가격은 25% 올랐다. 아프리카의 최대 경제국인 나이지리아에서는 쌀값이 3월의 마지막 4일 만에 30% 이상 뛰었다. 이렇게 되면 가난한 나라들은 큰 타격을 입을 수밖에 없다. 가난한 나라 사람들은 음식이 더 비싸지면 음식을 사 먹을 수 없기 때문이다.

많은 가난한 나라 사람들이 급성 식량불안이나 만성적인 배고픔에 빠지고 있다. 급성 식량불안이란 말은 무엇일까? 사람이 적절한 음식을 섭취하지 못하게 되면 그들의 삶이나 생계가 즉각적인 위험에 빠지는 것이다. 만성적인 배고픔은 사람이 정상적이고 활동적인 생활방식을 유지하기 위해 장기간에 걸쳐 충분한 음식을 섭취할 수 없을 때를 말한다. 세계식량계획은 2020년 말까지 전 세계적으로 1억 3천만 명의 사람들이 심각한 급성 식량불안에 직면해 있다고 밝혔다. 하지만 코로나19 여파로 식량생산과 공급이 줄면서 급성 식량불안을 앓는 사람은 연말까지 당초 전망보다

2배 늘어난 2억 7천만 명에 달했다.

코로나19로 인해 무역 장벽이 높아지면서 각국 정부들은 자국의 식량원을 확보하기 위한 전쟁에 빠졌다. 2008년 글로벌 금융위기 때 곡물대형수출업체들이 수출을 제한하면서 세계적인 식량가격 폭등이 있었던 트라우마가 살아난 것이다. 당시 많은 나라들은 내일이 없는 것처럼 식량을 수입했고, 그로 인해 수요가 늘어나 식량가격이 폭등했다.

식량물가가 오른다는 것은 세계의 가난한 사람들에게 엄청난 충격일 수밖에 없다. 부족한 음식은 특히 어린이들에게 영양실조를 증가시키고, 가뜩이나 가난한 사람들을 더 가난하게 만든다. 사실 잘 사는 미국이나 유럽 국가들의 식량자급률은 100%를 넘어간다. 호주 275%, 캐나다 174%, 프랑스 168%, 미국 133%나 되는데, 불행하게도 가난한 나라로 갈수록 식량자급율은 뚝 떨어진다.

우리나라는 가난한 나라는 아니지만 식량자급율이 약 24%로 매우 낮은 수준이며, OECD 상위 30개 국가 중 최하위 수준이다. 쌀을 제외한다면 옥수수·밀·대두는 거의 전량 수입에 의존하는 실정이다. 현재는 보유한 돈으로 식량을 사는 데 문제가 없겠지만 기후재앙으로 전 세계적인 식량 폭등이 있을 때는 돈으로도 살 수 없게 될 것이다. 그래서 '식량 안보'가 중요하다는 것이다. 다만 식량생산도 적고 돈도 없는 가난한 나라들은 기후변화로 인한 식량 감산이 치명적으로 다가오고 있다.

코로나19로 인한 식량부족이 가난한 사람들을 강타했다

세계식량위기방지 네트워크

세계식량위기방지네트워크는 2016년 유럽연합, 유엔 식량농업기구, 세계식량계획(WFP)에 의해 설립되었다. 식량 위기의 근본 원인을 지속적으로 해결하기 위해서 다양한 정책을 시행하고 있다

2020년 3월에 전 세계를 강타한 코로나19로 인해 가난한 나라들의 식량부족은 더욱 심각해졌다. 이에 2020년 9월 15일 세계식량기구는 세계식량위기방지네트워크^{GNAFC} 회의를 소집했다.

코로나19 유행 이전에도 굶주림에 시달리던 나라에게 코로나19는 불난 집에 기름을 부은 꼴이 되었다. 예를 들어 중앙 아프리카 국가는 2020년 기준 2,180만 명의 엄청난 사람들이 기근에 시달리고 있었다. 코로나19의 영향으로 국경 통제가 이루어지면서 식량문제는 더욱 심각해졌다. 또한 이 지역에서는 정치 불안정과 무력 충돌, 장기화된 경제 침체, 폭우와 홍수가 식량위기를 심화시켰다.

유엔 세계식량계획은 코로나19로 인해 "기근 팬데믹(세계적 대유행)이 찾아올 수 있다"고 2020년 4월에 경고했다. WFP는 2019년 말 기준 약 1억 3천만 명이었던 기아 수가 코로나19 사태 이후 2배 가까이 늘어 2억 6천만 명에 이를 것이라고 예상했다. WFP 데이비드 비즐리 David Beasley 사무총장은 "이미 최악의 해가 될 것으로 보였던 2020년이 코로나19 사태로 더 심각해졌다"

고 주장했다. 그는 특히 개발도상국인 다섯 나라에서 대대적인 기근이 발생할 것이라고 경고했다.

첫 번째는 예멘이다. 아랍권에서 가장 가난한 나라 중 하나였던 예멘은 5년이 넘게 내전을 겪으며 경제가 무너졌다. "2016년 WFP는 300만 명에서 400만 명 가까운 사람들을 지원했습니다. 하지만 지금은 1200만 명을 지원합니다." 그런데 예멘 내 후티 반군은 식량이 필요한 지역으로의 구호품 배달을 방해하고 있다.

두 번째는 콩고민주공화국^{DRC}이다. WFP는 콩고민주공화국의 일부 지역에서 25년 만에 가장 큰 기근 사태가 벌어질 수 있다고 경고했다. 콩고민주공화국은 이미 국가 인구의 15% 이상인 3,000만 명의 국민이 "심각한 식량 불안" 상태로 분류되는 등 심각한 상황에 처해 있다.

세 번째 나라는 베네수엘라이다. 베네수엘라의 굶주림은 전쟁이나 갈등 때문이 아닌 경제적 어려움에서 비롯되었다. 경제 위기에 코로나19까지 겹치자 400만 명의 국민이 국가를 떠났다.

네 번째 나라는 남수단이다. 2011년 독립해 세계에서 가장 '어린' 나라로도 불리는 남수단은 독립 이후 2년 만에 또다시 격렬한 내전에 빠지며 망가졌다. 그리고 2020년 코로나19 사태까지 겪으며 2011년 이후 가장 극심한 기근 상태에 빠졌다. WFP는 남수단의 인구 60%가 매일 먹을 음식을 찾는 데 어려움을 겪고 있다고 말했다. 엎친 데 덮친 격으로 아프리카 전역의 농작물을 파괴한 메뚜기떼가 2020년 초 남수단을 강타했다.

7장 식량난과 주기적인 팬데믹이 온다

다섯 번째 나라는 아프가니스탄이다. 전쟁 이후 아프가니스탄 인구의 절반이 빈곤선 아래의 생활을 유지하고 있으며 1,100만 명이 WFP 기준 심각한 식량 불안 상태로 분류된다.

2020년 9월, 세계식량위기방지네트워크^{GNAFC}의 보고서를 보면 식량부족으로 인한 대규모 기아사태는 콩고 민주 공화국 외에도 부르키나파소가 있다. 이 나라는 최근 몇 달 동안 급성 기아로 인한 최악의 사태가 발생했다. 2020년 초부터 기아로 고통받는 인구수는 나이지리아, 소말리아, 수단에서도 거의 300%가 증가했다. 기아 인구는 나이지리아 북부(870만 명으로 73% 증가), 소말리아(350만 명으로 67% 증가), 수단(960만 명으로 64% 증가, 4분의 1에 가까운 인구) 등 전체 인구에서 심각한 굶주림 환자가 크게 증가했다. 코로나19는 가난한 나라 사람들의 건강상태는 물론 식량부족으로 대기근 사태를 부르고 있다.

코로나19와 만성적인 식량부족은 북한을 강타했다고 미국 농무부 산하경제연구소가 2021년 1월에 주장했다. 이들의 보고서인 〈코로나19 조사 보고서: 국제 식량안보 평가 2020-2030〉에 따르면, 2020년 기준으로 북한 주민 63.1%가 식량 섭취가 부족한 것으로 추산된다고 밝혔다. 이 수치는 2020년 8월에 내놓았던 추정치보다 북한의 식량 사정이 더 나빠졌음을 의미한다. 슬프고 안타까운 일이다.

✛ 식량부족 문제를 해결하려면 어떻게 해야 할까?

"세계의 토지와 수자원이 전례 없이 빠른 속도로 개발되고 있어 기후변화와 더불어 인류의 생존에 심각한 압박을 가하고 있다." 2019년 8월에 발표된 유엔보고서 내용이다. 이 보고서에 따르면 기후변화는 홍수, 가뭄, 태풍 등 극단적인 날씨를 불러 지구 식량생산을 줄이면서 이미 전 세계 인구의 10% 이상이 영양부족 상태에 있으며, 그 여파로 국경을 넘는 기후난민이 늘어나고 있다고 주장한다. 이 보고서의 저자인 NASA의 파멜라 맥엘위Pamela McElwee는 "토지의 생산성을 높이고, 음식을 덜 낭비하며, 소를 비롯한 육류로부터 식단을 옮기도록 사람들을 설득해야 한다"고 해결방안을 제안했다.

세계식량기구FAO 사무총장은 '2020 사막화와 가뭄을 퇴치하기 위한 세계의 날'에 토양의 손실을 막기 위한 새로운 접근법이 필요하다면서 "세계 인구를 먹여 살릴 식량에 대한 증가하는 수요를 충족시키려면 토양 퇴화, 사막화, 가뭄과 싸우기 위한 새로운 접근이 필요하다"고 말한다. 그러면서 그는 과거에 식량이 생산되었던 20억 ha의 땅이 현재 사라졌고, 가뭄과 물 부족이 토지문제를 악화시켰다고 말한다. 또한 그는 건강한 토양은 탄소 함량을 증가시킴으로써 기후변화에 대한 복원력을 구축하는 데 필수적이며, 식량생산을 늘릴 수 있기에 건강한 토지를 만들어야 한다고 말한다.

2021년 1월 11일 에마뉘엘 마크롱 프랑스 대통령이 주최한 원플래닛 서밋에서 농업과 식품 분야 전반에 걸친 토론이 있었다. 이번 정상회의의 초점은 생물다양성에 관한 것으로, 회의에서 세계식량농업기구는 생물다양성을 보존하고 지구를 보호하는 국제적인 노력이 기근을 줄이는 데 필요하다고 주장했다. 생물다양성 상실로 인해 30억 명 이상의 사람들이 식량부족에 빠지고, 연간 세계 식량 총생산의 약 10%가 사라질 것이라고 한다. 기후변화로 인해 물 공급, 어류 및 꽃가루 매개자 같은 종의 위험 방지 등 식품과 농업에 필수적인 핵심 생태계가 빠른 속도로 감소하고 있다는 것이다.

세계식량농업기구는 2020년에 7억 9,620만 달러에 달하는 프로젝트를 통해 아르헨티나의 삼림 벌채와 싸우는 것에서부터 수단의 육지 복구에 이르기까지 기후의 스마트한 접근법, 환경 및 생물다양성을 보존하는 관행과 기술을 통한 탄소 저배출, 지속 가능한 식량 시스템으로의 전환을 지원하고 있다. 아울러 수백만의 가난한 가족 농부들의 농업회복력을 기르도록 도와주고 있다.

세계식량농업기구와 유엔환경계획UN Environment Program이 주도하는 'UN의 생태계 복원 10년(2021~2031년)'은 산림과 호수, 해안지역을 되살리자는 것이다. 이 연구에 따르면, 전 세계의 삼림파괴와 퇴화된 토지 중 20억 ha 이상이 복원 가능성을 가지고 있다고 한다. 퇴화된 생태계를 복원함으로써 생산성을 회복하고 생물다양성을 제고할 뿐만 아니라 식량생산 증가, 일자리와 생계의 창출, 기후변화 완화 및 적응이 가능해진다는 것이다.

우리가 하루빨리 행동하지 않는다면 수많은 사람들이 대기근으로 죽어갈 수밖에 없다. 세계인 모두가 머리를 맞대고 식량문제를 해결해야만 한다.

팬데믹은
기후변화와 함께 온다

20여 년 전에 네이선 울프Nathan Wolfe라는 의학자가 미래의 전염병에서 자기를 지키는 방법을 발표했다. 코로나19가 창궐한 지금을 보면 정말 대단한 혜안이었다는 생각이 든다.

"귀찮더라도 예방상태에 허점이 없도록 한다. 말라리아 지역을 여행할 때는 꼭 예방 약을 먹는다. 겨울에는 호흡기 질환의 전염경로를 염두에 두고 행동한다. 대중교통은 가급적 이용하지 않는다. 지하철이나 비행기에서 내린 후에는 손을 씻거나 세정제를 활용한다. 악수를 나누면 곧바로 손을 씻는다. 쓸데없이 코나 입을 만지지 않는다. 깨끗한 음식과 물을 마시려고 노력한다."

무척 단순한 방법이지만 전염병 예방에는 상당한 효과가 있다.

그렇게까지 할 필요가 있겠나 싶지만, 따라해보면 건강을 지키는데 많은 도움을 받는다.

⊕ 기후변화가 최악의 전염병을 만들었다

인류 역사상 가장 많은 인류가 죽은 전염병은 흑사병이다. 흑사병은 스파르타와 아테네가 싸웠던 펠로폰네소스 전쟁 중에 세 차례나 발생해 수많은 사람들이 죽었다. 서기 540년, 유스티니아누스Justinian 황제 시절 발생한 강력한 대역병大疫病, the great plague이 바로 흑사병이었다.

당시의 기후는 가뭄과 대열파great heat-wave가 있어 간헐적인 큰 폭풍이 있던 습윤한 시기였다. 542년까지 위대한 도시 콘스탄티노플의 거주민 중 40%가 이 전염병으로 사망했다. 그리고 14세기에 다시 흑사병이 전 세계를 강타했다. 당시에도 간헐적인 큰 폭풍이 있던 습윤한 시기였다. 즉 흑사병은 고온다습한 시기에 발생하더라는 것이다.

흑사병을 전달하는 벼룩은 기온이 20~32℃ 범위로 온난할 때 급속히 번식한다. 또한 벼룩의 수명은 상대습도가 30% 이하가 될 때가 습도가 90% 이상일 때에 비해 4분의 1로 감소한다.

흑사병은 1400년까지 중국인의 인구 절반인 6,500만 명을 죽였다. 1351년에 교황 클레멘트 6세Pope Clement VI의 사제들은 유럽 인구의 3분의 1인 2,384만 명이 흑사병으로 사망했다고 추정했다. 흑사병은 중동지역까지 강타하면서 전체 중동인구의 3분의 1을 사망에 이르게 했다.

흑사병은 현대에서도 발견된다. 1994년에 인도에서 흑사병이 발생했다. 이어 변종 흑사병균이 1995년에 마다가스카르에서 발생했고, 2004년에는 투르크메니스탄에서 발생했다. 아직도 흑사병은 진행 중이다.

두 번째로, 수천만 명을 죽음으로 몰고 간 전염병으로 발진티푸스가 있다. 이 전염병은 천연두나 페스트와 함께 역사상 가장 많은 사람을 죽인 전염병 중 하나이다. 발진티푸스는 특히 춥고 습하며 위생상태가 나쁠 때 발병한다.

인류 역사에서 최초로 발진티푸스가 나타났던 것은 1489년이다. 스페인 영토 회복 전쟁 중에 스페인 군대에서 발진티푸스가 발병하면서 순식간에 1만 5천 명이 넘는 스페인 병사가 사망했다. 나폴레옹 전쟁에서도 발진티푸스가 발병해 병력 손실이 많았다. 1812년 6월 24일 러시아를 침공한 프랑스 병력은 총 60만 명이었다. 당시는 소빙하기의 날씨로 평년보다 춥고 비가 많이 내렸다. 폴란드를 지나갈 때 이질과 발진티푸스가 발생했으며, 병력의 5분의 1이 죽었다.

1815년의 탐보라 화산 폭발로 전 지구의 기온이 평균 1도 이상 하강하면서 대규모의 발진티푸스가 번지게 되었고, 수많은 사람들이 죽어갔다. 발진티푸스는 1차 세계대전 기간 동안 창궐했다. 세르비아의 경우 이 병으로 15만 명의 병사가 희생되었다. 발진티푸스는 러시아의 붕괴와 함께 동부 유럽 전체로 빠르게 퍼져나갔다. 1917~1921년 러시아인 2천만 명이 감염되었고 이 중 300만 명이 죽었다. 발진티푸스는 공산주의 혁명이 한창 진행되던 러시아에도 번져 러시아 혁명을 이끈 레닌^{Vladimir Lenin}이 "사회주의가 발진티푸스를 물리치거나 발진티푸스가 사회주의를 좌절시키거나 둘 중 하나다"라고 선언했을 정도였다.

세 번째로, 기후변화와 관련 있는 전염병으로 콜레라가 있다. 콜레라는 기온이 높고 해수온도가 높을 때 발생한다. 1817년 이전까지만 해도 알려지지 않았던 새로운 전염병인 콜레라가 인도를 강타했다. 이 병에 걸리면 건강했던 사람도 몇 시간 안에 격렬하고 심한 설사와 구토를 일으켰다. 그리고 얼마 못가 파르스름한 시체로 죽어갔다.

이 전염병은 180년 동안 7차례 범유행병으로 수천만 명을 죽음으로 내몰았다. 인도에서 발생한 콜레라는 전 세계로 퍼져갔다. 콜레라가 전파된 지역에서는 수천 명, 때로는 수만 명이 며칠 만에 죽었다.

1826년 제2차 콜레라 범유행이 벵골에서 시작되었고, 1831년에는 아라비아의 메카에 전파되었다. 이때부터 1912년까지 80여 년 동안 메카에서는 무려 40차례나 콜레라가 재발하면서 이슬람 성지순례자들에게 가장 두려운 질병이 된다.

현대에 와서도 콜레라는 여전히 번진다. 이라크 전쟁에서 콜레라가 발생하면서 100만 명에 가까운 아이들이 죽었다. 그리고 2011년 아이티에 강력한 지진이 발생하면서 콜레라가 창궐해 3만 명 이상이 죽어갔다. 2013년에는 멕시코에서 22년 만에 콜레라가 유행했다.

콜레라는 아직도 진행형이고 범유행병으로 존재하고 있는 전염병이다. 국제백신연구소[IVI]는 평균 최저기온 섭씨 1℃의 상승과 월간 강수량 증가량이 최대 200mm를 넘을 경우 2~4개월 내에 콜레라 발생이 2배로 늘어난다고 밝혔다. 지구의 기온이 상승하고 강수량도 급격히 늘고 있기에 앞으로도 콜레라의 창궐 가능성은 매우 높다.

⊕ 기후변화가 만드는 공포의 모기 전염병

모기가 가장 좋아하는 기후조건은 높은 기온과 강수량이다. 이럴 경우 번식이 빠르게 이어지면서 모기 관련 질병을 일으킨다. 지구온난화로 기온이 상승하고 강수량이 증가하면서 모기 관련 질병은 점점 더 증가할 가능성이 높다.

모기질병 중에 태아의 소두증을 유발하는 지카바이러스[Zika virus]가 있다. 태어날 때 아이 머리 둘레가 32cm 이하인 것을 소두증이라 한다. 2017년 말 지카바이러스는 중남미를 포함한 46개 국에서 유행했고, 산발적으로 발생 중이다. 특히 브라질의 경우 100만 명 이상이 감염된 것으로 추정되고 있다. 우리나라 사람들 도 동남아에 여행가서 지카바이러스에 감염되곤 한다.

머지않은 미래엔 우리나라에도 말라리아^Malaria가 토착화된다 고 의학자들은 말한다. 매년 지구상에는 20명 중 한 명 꼴로 말라 리아에 걸리므로 전 세계로 보면 3억 명이 넘는다. 문제는 말라리 아에서 회복된 사람들도 빈혈과 주기적인 발열, 만성장애 등의 후 유증이 있다는 것이다.

세계보건기구는 매년 말라리아로 사망하는 사람을 100만 명 이상으로 추정하고 있다. 심각한 점은 이 중 대부분이 어린이로, 전 세계 말라리아의 75%가 발생하는 아프리카에서는 아이들이 말라리아로 30초마다 한 명씩 죽어간다는 것이다. 과거에는 열대 지방 여행자의 감염만 보고되던 말라리아가 우리나라에서도 발생 사례가 점점 늘면서 최근에는 매년 2천여 명 이상이 감염되고 있다.

우리나라 사람들이 가장 많이 걸린 모기질병은 일본뇌염이다. 일본뇌염 발생은 5월 혹은 6월에 시작해 9월 혹은 10월에 끝난 다. 일본뇌염의 치사율은 25%까지 올라갈 수 있으며 감염된 사람 의 50%는 영구적인 뇌손상으로 정신장애, 운동실조, 긴장성 분열 증^catationia을 보이기도 하는 무서운 질병이다. 우리나라에서는 매 년 700여 명 정도의 일본뇌염 환자가 발생한다.

우리나라에 최근 발생하고 있는 모기질환은 뎅기열^Dengue fever

이다. 해외 여행에서 모기에 물려 발병하는 전염병으로, 매년 300여 명 정도가 이 병을 앓는다. 뎅기열은 모기가 매개가 되는 뎅기 바이러스^{dengue virus}에 의해 발병하는 전염병이다. 뎅기열 바이러스를 가지고 있는 모기는 이집트숲모기다. 이 모기는 동남아시아 지역에서 토착화되었다. 말라리아나 황열에 비해 사망률은 훨씬 낮지만, 심한 형태인 뎅기 쇼크증후군의 경우 사망률은 급증한다. 특별한 예방주사나 치료제는 없다.

모기가 전염시키는 전염병으로는 '알레포의 악마'라 불리는 리슈마니아증^{Leishmania}이 있다. 리슈마니아증은 2~3um 크기의 리슈만편모충이 살 속으로 들어가 세포질 안에서 분열과 증식을 반복하며 피부를 갉아먹는 병이다. 이 병은 최근 시리아 등 중동지역에서 창궐을 하면서 시리아 도시의 이름을 따 '알레포의 악마'라는 별명이 붙었다.

리슈마니아증은 겨모기에 감염된 기생충의 숙주^{promatigote}가 겨모기의 흡혈로 포유동물 피부내로 침입해서 생긴다. 인도에서는 1977년에 7만 명에서 10만 명의 환자가 발생해 이 중 4천 명이 죽기도 했다. 질병관리본부에 의하면 우리나라에서도 외국에서 감염되어 귀국 후 발병하는 사례가 있다고 한다. 특별히 모기와 관련된 전염병을 다룬 것은 우리 생각보다 더 심각한 전염병이기 때문이다.

⊕ 팬데믹을 몰고 오는 코로나 바이러스

독감은 인플루엔자 바이러스에 의해 발생하는 급성 호흡기 질환을 말한다. 의학계에서 공식적으로 인정하는 최초의 독감은 1387년 중세 유럽에서 발병했다. 그리고 18세기와 19세기에 다섯 번에서 열 번의 대유행이 발생했다. 1889년에는 러시아 독감이 퍼져 1년 만에 유럽 대륙에서만 25만여 명이 사망했다.

가장 유명한 독감은 스페인 독감이다. 1918년 발병해 최소 5천만 명 이상의 목숨을 앗아갔다. 1957년에는 중국에서 시작된 아시아 독감이 발병했다. '아시아 독감'이라 불리는 인플루엔자 바이러스는 1년 만에 전 세계적으로 100만여 명의 목숨을 앗아갔다. 1968년에는 홍콩 독감으로 80만 명이 사망했고, 1977년에는 러시아 독감으로 40만 명이 사망했다. 2010년 겨울에 발생한 신종플루H1N1로 1만 8천 명이 죽으면서 세계인을 공포에 빠트렸다.

이 모든 독감들은 조류 사이에서만 전염되던 독감 바이러스가 변종 인플루엔자 바이러스로 변했기 때문에 발병했다. 변종 바이러스가 인간을 공격하면서 발생한 세계적 전염병 사례이다. 그렇다면 독감은 기후와 어떤 연관성이 있을까?

공교롭게도 크림전쟁Crimean War 독감, 스페인 독감, 아시아 독감 등이 모두 기후 변동이 심한 때 발생했다는 공통점을 가지고 있다. 평년보다 춥고 비가 많이 내렸던 때 발병한 것이다. 미국 컬럼비아대학교의 제프 셔면^{Jeff Sherman} 교수 연구팀은 지금까지 발생한 강력한 독감인 팬데믹이 발생한 시기가 모두 라니냐가 발생한 이후에 일어났다고 주장했다. 기후변화가 독감 바이러스를 운반하는 야생 조류의 이동 양태를 바꾼 결과라는 것이다.

이 중 세 번의 팬데믹을 가져온 독감 바이러스가 바로 코로나바이러스이다. 그렇다면 코로나바이러스는 무엇일까? 코로나바이러스는 유전체가 DNA가 아닌 외피 표면에 돌기가 나 있는 가장 큰 RNA바이러스이다. RNA바이러스는 DNA바이러스보다 변종이 발생할 확률이 1천 배 이상 높다. 따라서 코로나바이러스가 계속 변종으로 발생해 영향을 주는 것이다. 사스, 신종플루, 메르스, 코로나19 모두 독감을 가지고 오는 코로나바이러스이다.

우리나라에 지금 창궐하고 있는 코로나19는 박쥐에서 인간으로 옮겨온 것으로 알려져 있다. 메르스나 사스도 다 박쥐가 매개체 역할을 했다. 질병이란 생태계 안에서 숙주, 매개체, 병원체가 상호작용을 한다. 그런데 기온 상승이나 강수량의 증가 등은 질병 매개체의 생존기간, 바이러스의 발달, 숙주의 분포와 개체수에 영향을 준다. 매개체가 살아가는 서식지에 영향을 미치면서 전염병의 전파 시기 및 강도가 바뀌게 되는 것이다.

과학자들은 기후변화와 함께 환경파괴도 큰 역할을 한다고 말한다. 코로나바이러스의 주범인 박쥐의 경우 벌목이나 산불 등 생태계의 파괴가 많은 영향을 주었다는 것이다.

코로나19 바이러스도 기후변화가 만들었다

영국 케임브리지대학과 미국 하와이대학 등의 국제 공동 연구진은 2021년 2월에, 코로나19 팬데믹을 일으킨 바이러스인 'SARS-CoV-2'의 출현에 직접적인 역할을 한 것이 기후변화였다고 주장했다. 지난 세기 동안 진행된 전 세계의 온실가스 배출이 박쥐가 선호하는 산림 서식지의 성장을 촉진함으로써 중국 남부를 코로나 바이러스의 '핫스폿(hotspot)'으로 만들었다는 주장이다.

이들의 연구에 의하면, 기후변화로 인해 서식지가 변경됨에 따라 박쥐들이 바이러스를 지닌 채 다른 지역으로 이동했다. 그 결과 바이러스가 존재하는 지역이 변했을 뿐만 아니라 동물과 바이러스 간의 새로운 상호작용으로 인해 박쥐는 해로운 바이러스에 더 많이 감염되고, 바이러스는 진화했다.

전 세계의 박쥐들은 약 3천 종에 달하는 다른 유형의 코로나바이러스를 가지고 있고, 박쥐 한 종이 평균 2.7종의 코로나바이러스를 지니고 있다는 의미인데, 대부분은 증상을 보이지 않는다. 그러나 기후변화로 특정 지역에 서식하는 박쥐 종의 수가 증가하면 이번 코로나19 같은 해로운 코로나바이러스가 생기거나 진화할 가능성이 높아질 수 있다는 것이다.

인간을 감염시키는 것으로 알려진 몇몇 코로나바이러스는 박쥐에서 비롯되었을 가능성이 매우 높다. 그중 세 가지가 인간의 죽음을 가져올 수 있는데, 중동호흡기증후군(메르스)과 급성호흡기증후군(사스), 신종 코로나바이러스 감염증(코로나19)이 바로 그것들이다. 심각해지는 기후변화는 더 새로운 유형의 코로나바이러스를 또다시 만들어 새로운 팬데믹을 불러올 수 있다는 말이다.

"이젠 하늘이 새카매지면서 더 이상 푸른 하늘을 보지 못할 겁니다." 1825년에 스티븐슨(G. Stephenson)이 처음으로 증기기관을 움직였을 때다. 새카맣게 나오는 연기에 놀란 사람들이 증기기관 반대운동을 벌였다. 하늘은 새카매지지는 않았지만 푸른 하늘을 보기는 점점 더 어려워졌다. 석탄을 주 연료로 사용하는 영국의 급속한 산업화는 엄청난 오염물질을 만들어냈다. 오염물질들은 편서풍을 타고 북유럽으로 날아갔다. "영국의 소름 끼치는 석탄구름이 몰려와 / 온 나라를 까맣게 뒤덮으며 / 신록을 더럽히고 / 독을 섞으며 낮게 떠돈다." 노르웨이 극작가인 입센의 <블랑>(1886)이라는 작품에 나오는 대목이다. 이처럼 미세먼지는 독을 머금고 우리의 건강에 치명적인 영향을 준다.

공기의 종말인
에어포칼립스가 온다

미세먼지 농도는
왜 높아질까?

"경제 위상과 환경 수준의 불일치를 극복해야 합니다." 미세먼지 문제 해결을 위한 국가기후환경회의 반기문 위원장의 말이다. 반위원장은 2019년 9월 27일 '제1차 국민 정책제안'을 의결하기 위한 제4차 본회의에서 "우리나라는 그간 경이적인 경제발전을 이뤄 세계가 모두 부러워합니다. 그러나 우리나라 공기의 질은 경제협력개발기구^{OECD} 국가 중 뒤에서 두 번째인 불일치·불균형 상태입니다. 미세먼지 문제는 경제성장에서 환경의 질 중심으로 우리의 인식을 전환하는 것과도 밀접한 관계가 있습니다"라고 말했다.

반 위원장의 말처럼 가장 중요한 것은 먹고 사는 문제이다. 가난할 때는 미세먼지보다는 먹는 문제가 중요하기에 미세먼지는 관심의 대상이 되지 않는다. 그러나 어느 정도 경제 수준이 올라가면 질 좋은 환경을 누리고자 하는 욕구가 강해진다. 지금 우리나라가 바로 이 수준으로, 이때야말로 환경으로의 전환을 이룰 타이밍이라고 반 위원장은 본 것이다.

⊕ 미세먼지는 과연 무엇인가?

그렇다면 미세먼지는 무엇을 말하는 것일까? 미세먼지[PM10]는 기상학에서 지름 10um(마이크로미터, 1um=1000분의 1mm) 이하의 먼지를 말한다. 여기에서 P는 particulate(미립자 상태), M은 matter(물질)의 머리글자다. 즉 PM은 '대기 중에 떠도는 고체나 액체의 작은 입자상물질'을 뜻한다.

미세먼지 중 현재 관측되는 입자 크기가 가장 작은 미세먼지를 초미세먼지(PM2.5)라 부르며, 지름 2.5um 이하의 먼지를 말한다. 2.5~10um 사이를 거친 미세먼지라 부르는데, 이 미세먼지는 모래 크기보다는 9분의 1 정도로 작고, 사람 머리카락 지름(50~70um)보다 약 5분의 1~7분의 1 정도로 작은 크기다. 너무 작아 눈으로 보이지 않다 보니 미세먼지의 양을 측정하고 표현할 때에는 질량(ug/m³)단위를 사용한다.

미세먼지 중 건강에 더 해로운 것이 초미세먼지이다. 초미세먼지(PM2.5)는 '입자의 공기역학적 지름이 2.5um 이하인 입자상狀 물질'이다. 초미세먼지의 직경은 머리카락의 약 20분의 1~30분의 1에 불과할 정도로 정말 작다. 초미세먼지는 '크기'만으로 규정되었을 뿐 그 입자가 어떤 물질인지는 규정된 바가 없다. 이것은 정말 다양한 입자물질로 이루어져 있기 때문이다.

가장 널리 알려진 입자물질로 중국에서 날아오는 황사가 있다. 이외에 액체 상태의 입자물질이 있는가 하면, 고체 상태의 입자물질도 있다. 또한 이런 물질들이 초미세먼지로 만들어지는 과정도 모두 다 다르다.

입자물질은 자연발생적인 것과 인공적인 것으로 나뉜다. 자연발생적인 물질의 대표적인 것이 황사이다. 바다에서 만들어지는 해염입자나 화산재 등도 이에 속한다. 이런 물질들이 아주 작게 부서져 공기 중에 떠 있게 되면 초미세먼지라 부른다. 인공적인 입자물질은 공장에서 만들어지는 매연물질이 대표적이다. 경유차에서 배출되는 배기가스, 석탄 광산 등에서 발생하는 분진, 나무나 풀을 태워 발생하는 연기도 초미세먼지가 된다.

액체형 초미세먼지의 대표적인 물질은 질소산화물^{NO_x}이나 황산화물^{SO_x}로 이들은 산업체의 공장이나 자동차 배기가스 등에 많이 포함되어 있다. 기체로 배출되는 이러한 물질들이 대기 중에서 수분 등과 화학반응을 일으켜 질산이나 황산이라는 '액체형 입자'로 변한다. 액체형 입자는 입자형 초미세먼지와는 성질이 다르다. 입자형 초미세먼지는 폐에 들어가 폐포에 침착되어 세포를 상하게 하지만, 액체형 초미세먼지는 산 자체의 독성으로 인체에 큰 피해를 입힌다.

그런데 최근 심각한 기후변화가 미세먼지 농도를 높이고 있다. 2019년 9월 프레스센터에서 과기총이 주관한 '기후변화와 미래' 포럼이 있었다. 당시 패널로 참석했던 필자는 기후변화가 미세먼지를 고농도로 만든다는 부경대 김백민 교수의 발표에 동의했다. 최근 개최되는 기후변화 세미나 등에서 기후변화가 미래에는 더욱 농도가 높은 미세먼지를 만들 것으로 예측하는 학자들이 많다. "기후변화로 최악의 고농도 미세먼지가 잦아진다." 이현주 등 APEC 기후센터 연구팀의 2018년 연구 결과이다.

이들은 온실가스 저감 대책을 상당 부분 실행하는 경우와 온실가스 배출량을 줄이지 않고 지금처럼 계속해서 배출할 경우 두 가지 미래 기후변화 시나리오를 세워 우리나라 고농도 미세먼지 발생이 얼마나 더 잦아지고, 또 얼마나 더 강해질 것인지 분석했다. 분석 결과, 기후변화가 진행됨에 따라 고농도 미세먼지가 발생하기 좋은 기상조건이 현저하게 증가한다는 결론이 나왔다. 미세먼지를 확산시키는 북풍은 약해지고 대기는 안정되어 한반도 상공에는 고기압성 패턴이 강화된다는 것이다. 이 경우 대기가 정체되면서 미세먼지가 쌓일 수 있는 조건이 자주 만들어지고, 미세먼지 농도는 더 높아진다.

미세먼지 문제가 심각해지면서 정부에서는 2019년에 미세먼지 문제 해결을 위해 대통령 직속 국가기후환경회의를 발족하면서 반기문 전 유엔사무총장을 위원장으로 선임했다. 국가기후환경회의에서는 2019년에 단기대책인 '계절관리제'를 제안했고, 2020년에는 미세먼지 중장기 대책을 제안했다. 이 대책들이 제대로 실현된다면 우리나라 미세먼지 농도는 매우 낮아질 것으로 본다.

⊕ 미세먼지는 어디서 발생할까?

초미세먼지 중 탄소성 입자는 크게 원소탄소^{EC}와 유기탄소^{OC}로 구분된다. 원소탄소는 연소 오염원에서 대부분 대기 중으로 직접 방출되는 1차 오염물질이다. 1차 생성먼지라고도 부르는데, 여기에는 검댕도 포함된다. 유기탄소는 인위적 또는 자연적 배출원에서 직접 발생되는 1차 유기탄소와, 이것이 산화와 노화과정을 거쳐 변환되는 2차 유기탄소가 있다.

2차 미세먼지가 만들어지는 과정은 다양하다. 자동차 배기가스나 주유소 유증기에서 배출된 휘발성 유기화합물^{VOCs}이 오존^{O_3}이나 수산기^{OH}를 만나면 화학반응을 일으켜 2차 유기입자를 만들어낸다. 반면 질소산화물^{NO_x}은 높은 온도와 압력에서 연료를 태우는 자동차에서 많이 발생한다. 이것도 오존과 반응해 질산이 만들어지고, 다시 암모니아와 반응해 2차 무기입자가 발생한다. 또한 자동차에서 배출된 아황산가스가 공기 중의 수증기 등과 반응

8장 공기의 종말인 에어포칼립스가 온다

해서 산성 물질인 황산이 만들어진다. 이것이 공기 중의 암모니아 등에 반응해 초미세입자 형태인 '황산암모늄'이 만들어진다.

최근 들어 초미세먼지의 유해성이 부각되면서 발생 원인을 분석하는 연구가 많다. 미국의 경우 전체 초미세먼지의 20~60%, EU는 40% 이상이 화학 반응으로 발생한 2차 먼지라고 한다. 우리나라는 어떨까? 환경부가 2016년 4월에 발표한 자료에 따르면, 서울과 경기 지역에서만 전체 초미세먼지 발생량의 약 3분의 2가 2차 먼지인 것으로 밝혀졌다.

그런데 다른 연구에서는 발생량이 이보다 더 크다는 연구 결과도 있다. 2016년 5월 2일부터 6월 12일까지 40일간 환경부와 미국항공우주국 연구팀의 '한미 협력 국내 대기질 공동조사'에서다. 2017년 7월 19일 발표된 공동 조사 예비 보고서 결과를 보면, 관측된 초미세먼지 중 배출원에서 직접 나온 1차 먼지는 25%밖에 되지 않았다. 나머지 75%는 질소산화물, 황산화물, 휘발성 유기화합물이 광화학 반응을 거쳐 만들어진 2차 먼지였다는 것이다.

남준희는 그의 책 『굿바이 미세먼지』에서 미세먼지와 초미세먼지가 발생하는 원인에 차이가 있다고 말한다. 미세먼지는 주로 물체 간의 마찰이나 물체를 태울 때 발생한다고 한다. 대표적인 것이 제조업 공장에서 재료를 자르거나 가공하는 과정, 나무를 태울 때, 자동차가 도로를 달리면서 바퀴가 마모되면서 만들어지는 것이다. 이 먼지들의 크기는 대개 2.5um 이상이다.

반면에 미세먼지보다 작은 초미세먼지는 물리적인 마찰보다는 고압 고열에서 태울 때나 화학적 반응으로 발생한다. 자동차가 초미세먼지를 만드는 주범이다. 자동차의 엔진은 수백 도가 넘는 고온과 함께 대기압보다 수십 배 높은 고압으로 휘발유나 경유를 태우기 때문이다. 이 과정에서 질소산화물^{NO_x}이나 황산화물^{SO_x}과 함께 탄소입자(OC나 EC) 등이 뿜어져 나온다. 질소산화물이나 황산화물 중 일부는 여러 과정을 거쳐 초미세먼지가 된다.

그렇다면 우리나라에서 미세먼지를 가장 많이 배출하는 곳은 어디일까? 바로 산업부문이다. 산업부문은 석탄발전 등 발전부문을 제외하고도 우리나라에서 가장 많은 에너지를 사용한다. 그렇기에 당연히 가장 많은 미세먼지를 배출하는데, 2016년 기준으로 우리나라에서 만들어지는 미세먼지 중 무려 41%(발전은 제외)를 차지한다. 산업부문 중 미세먼지를 가장 많이 배출하는 산업 분야는 발전, 석유화학, 제철, 시멘트 등이다.

산업부문의 특징은 미세먼지를 배출하는 전체 사업장의 2.4% 밖에 되지 않을 정도로 매우 적은 수의 대형사업장(1종)이 전체 산업체 오염배출량의 62.7%를 차지한다는 점이다. 대형사업장 중에서 발전과 철강, 석유, 시멘트 4개 업종의 배출량이 1~3종 대기배출업체의 배출량의 87.7%를 차지한다(발전 35%, 석유화학 24%, 제철제강 21%, 시멘트 8%).

산업부문 다음으로 미세먼지를 많이 만들어내는 부문이 수송부문이다. 수송부문은 2016년 기준으로 전체 미세먼지 배출량의 29%를 차지하고 있다. 이 중에서도 경유차와 건설기계, 선박은

그림14 국내 미세먼지 배출기여율

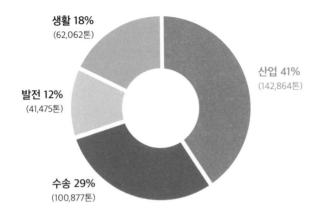

생활 18%
(62,062톤)

산업 41%
(142,864톤)

발전 12%
(41,475톤)

수송 29%
(100,877톤)

자료: 국가기후환경회의

수송부문 배출량의 90%를 넘는다.

특히 경유차는 전국적으로 미세먼지 발생에 기여하는 정도가 전체 배출원 중 4위에 해당한다. 인구가 밀집된 수도권 등 대도시에서는 1위를 차지할 정도로 많은 미세먼지가 배출된다. 주행 상태에서는 7배나 더 많이 나온다. 심각한 문제는 경유차에서 많이 배출하는 질소산화물이 대기 중에서 반응해 초미세먼지를 만들어 낸다는 것이다.

초미세먼지는 입자가 작다 보니 호흡기에서 걸러지지 않고 폐포까지 깊숙이 침투해 인체에 심각한 피해를 준다. 그러다 보니 경유차가 발생시키는 미세먼지는 호흡기 질환, 뇌질환, 혈관성 치매를 유발할 뿐만 아니라 WHO 지정 1급 발암물질이 되는 것이다. 우리나라 연구에서도 자동차 배출가스 중 경유차 미세먼지의 발암 기여도가 84%로 밝혀졌다. 또한 미국 캘리포니아의 대기오염 노출 연구에서 경유차의 오염물질 배출기여도는 15%밖에 되지 않지만 발암 기여도는 68%라는 결과가 있다. 이는 경유차 배기가스의 위해성이 심각하다는 뜻이다. 하루 빨리 경유차가 사라져야 하는 이유이다.

세 번째로 미세먼지를 많이 배출해내는 곳은 전력분야이다. 우리나라에서 배출되는 초미세먼지의 상당부분을 석탄이 차지하고 있다. 국민당 석탄 소비량은 경제협력개발기구OECD 회원국 중 2위나 된다. 1인당 소비로 따지면 엄청난 양의 석탄을 소비하고 있는 것이다.

그렇다면 왜 우리나라의 석탄 소비량은 늘어나고 있는 것일까? 첫째, 석탄은 비용이 저렴하기 때문이다. 둘째, 전력 사용량이 증가했기 때문이다.

2016년 한 해 발전용으로 소비된 유연탄은 총 7,761만 톤이다. 이는 국내 전체 소비량 약 65%로 우리나라 석탄 소비량의 절대량이 석탄발전소에서 쓰인다는 것이다. 전기발전을 할 때 발전단가가 석탄이 상대적으로 저렴하기에 경제급전방식*을 할 때 석탄의 우선순위가 높아진다. 석탄 사용으로 전기료가 낮아지다 보니 과소비를 하게 되고, 이로 인해 석탄 소비가 급증하는 악순환이 발생한다. 참고로 한국의 가정용 전기요

경제급전방식
발전단가가 싼 순서대로 발전하는 급전 방식

8장 공기의 종말인 에어포칼립스가 온다

금은 MWh당 119달러로 OECD 평균(184.6달러)보다 많이 싸다.

마지막으로 생활 주변에서 발생하는 미세먼지는 전체 배출량의 18% 수준으로 산업이나 발전, 수송 부문과 견주어도 적지 않은 양이다. 문제는 생활권 미세먼지는 사람들이 사는 곳과 가까운 곳에서 발생하기에 건강에 직접적인 영향을 준다는 것이다. 그럼에도 생활 주변의 이런 미세먼지 배출원들은 규제 대상에서 빠져 있다. 또한 적절하게 관리하기 어렵다 보니 관리의 사각지대로 남아 있다. 생활권에서 미세먼지가 발생하는 곳으로는 도로 재비산 먼지와 건설공사장의 비산(날림)먼지, 그리고 농촌에서 발생하는 미세먼지 등이 있다.

대기오염은
건강에 치명적이다

"미세먼지(PM10) 농도가 월평균 1%씩 1년 동안 높아질 경우 미세먼지 관련 질환을 앓는 환자 수가 260만 명가량 증가합니다." 성균관대, 순천향대, 경상대 등 공동연구진의 2018년 연구내용이다. 이들의 연구 논문을 보면 미세먼지 농도가 매달 1%씩 1년 동안 증가하는 경우 2017년을 기준으로 255만 7,301명의 환자가 추가로 발생한다. 미세먼지 농도가 월평균 1% 증가했을 때 5개월 후 환자 수는 0.25%가량 늘어났는데, 2017년 기준으로는 22만 1,988명의 환자가 증가한 셈이다. 이에 따라 늘어나는 의료비는 649억 5,900만 원에 달하는 것으로 추정되었다.

⊕ 미세먼지는 호흡기와 천식에 독이다

"지름이 2.5um보다 작은 초미세먼지는 우리 몸속 허파꽈리까지 스며들 수 있으니, 호흡기 질환 관리에 소홀히 해선 안 됩니다." 김영삼 세브란스 병원 호흡기 내과 교수가 조선일보와의 인터뷰에서 한 말이다. 그의 말처럼 미세먼지는 호흡기 및 천식에 나쁜 영향을 준다. 2018년 OECD 자료를 보면 우리나라의 호흡기 질환 사망률이 인구 10만 명당 2010년 67.5명에서 2013년 70명으로 증가했다. 한국의 호흡기 질환 사망률은 OECD 평균(인구 10만 명당 64명)보다 높다.

질병관리본부는 미세먼지 농도가 10ug/m³ 증가할 때마다 만성폐쇄성폐질환COPD으로 인한 입원률이 2.7%, 사망률은 1.1% 증가한다고 밝히고 있다. 필자와 함께 대한의협 미세먼지특별대책위원으로 활동하는 강원의대 호흡기 내과 김우진 교수는 "미세먼지는 폐기능을 떨어뜨리고, 폐기능 감소 속도를 높이며, 폐암을 비롯한 호흡기질환의 발병과 악화, 사망 위험을 증가시킨다. 미세먼지 수치가 높으면 다음날뿐 아니라 수일이 지날 때까지도 환자가 늘어난다. 미세먼지 노출 기간이 길수록 영향은 더 커지며, 어린이와 노인이 상대적으로 더 크게 영향을 받고 있다"라고 말한다.

"미세먼지에 많이 노출된 아이들이 적게 노출된 아이보다 폐렴에 걸릴 확률이 5배 높습니다." 2019년 4월 9일 한국과학기술단

체총연합회(과총)가 개최한 '제2회 미세먼지 국민포럼'에서 신동천 연세대 의대 교수가 발표한 내용이다. 신교수는 남부 캘리포니아 추적 조사 결과를 인용하면서 미세먼지로부터 아이들 보호가 시급하다고 주장했다.

천식은 전 세계적으로 환자가 가장 많이 발생하는 만성 호흡기 질환이다. 통계를 보면 현재 전 세계적으로 약 3억 5,800만 명이 앓고 있다고 한다. 그렇다면 미세먼지로 인해 매년 응급실을 찾는 천식환자들은 얼마나 되는 것일까? 2019년 9월 〈Environmental Health Perspectives〉에서 아넨베르그[S. C. Anenberg] 교수 등은 2018년에 전 세계적으로 최대 3,300만 명이 대기오염으로 인해 천식이 악화되거나 발생해 응급실을 찾는다는 연구 결과를 발표했다. 이 중 초미세먼지로 인해 천식이 악화되거나 응급실을 찾은 사람은 무려 최대 1천만 명이나 되었다.

⊕ 미세먼지는 심장마비를 부르며 임산부와 아이에게 매우 나쁘다

2017년 미국 워싱턴대학교의 그리피스 벨 박사팀은 중년층 6,654명을 대상으로 미세먼지와 콜레스테롤과의 연관성에 관해 연구한 후 〈Vascular Biology〉 지에 기고했다. 연구 내용을 보면 3개월 이상 미세먼지에 노출된 사람들에게서는 좋은 콜레스테롤

HDL 수치가 낮아졌다. 1년 이상 장기간 미세먼지에 노출된 사람들의 HDL 수치는 현저하게 낮아졌다고 한다. 연구팀은 미세먼지 등 대기오염에 노출되면 HDL 수치가 낮아지고 심혈관 질환의 발병 위험이 증가한다고 결론을 내렸다.

미세먼지에 장기간 노출될 때 심혈관계는 어떤 영향을 받을까? 최근 미세먼지 농도가 높은 지역에서 장기간 거주하는 것이 단기간 거주할 때보다 심혈관질환 상대 위험도를 높인다는 코호트 연구 Cohort study●가 보고되었다. 세계보건기구에 따르면 초미세먼지에 의해 매년 80만 명 정도의 수명이 단축되며, 전 세계 사망원인의 13번째를 차지하는 것으로 보고되었다. 오래 살고 싶으면 미세먼지 농도가 낮은 지역에 사는 것이 좋다는 이야기다.

영국 런던 퀸메리대, 세인트 바르톨로뮤 병원, 옥스포드대 의대 공동연구팀은 대기오염물질이 심장 형태를 변형시켜 심부전을 유발시킨다는 연구 결과를 발표했다. 이 연구 결과는 미국 심장학회에서 발행하는 국제학술지 〈서큘레이션〉 2018년 8월 3일자에 게재되었다. 특히 연구팀은 미세먼지 농도가 낮아도 일상적으로 노출되면 심장 마비 초기 단계에서 나타나는 심장 변화가 발생한다고 말한다.

미세먼지는 약자들에게 더 많은 피해를 준다. 노인, 아이, 그리고 임신부들이다. "미세먼지가 심한 지역에 사는 임신부는 그렇지 않은 지역에 사는 임신부보다 미숙아를 낳을 위험성이 높습니다." 경희대병원·국립암센터·강동경희대병원 공동 연구팀이 174만 2,183건의 출생 기록을 분석한 결과를 2019년 3월 〈International Journal of Environmental Research and Public Health〉에서 밝혔다.

이 연구 논문의 내용에 따르면, 임신 중 미세먼지 농도가 70ug/m³ 이상 지역에 사는 임신부는 미숙아 출산율이 7.4%에 달한다고 한다. 반면 이보다 미세먼지 농도가 낮은 지역에 사는 임신부는 미숙아 출산율이 4.7%로 낮았다. 특히 임신기간 32주 미만의 '초미숙아'를 낳을 위험은 같은 비교 조건에서 1.97배로 더 큰 차이를 보였다.

2018년 7월 〈Biological psychiatry journal〉에 실린 바르셀로나 지구건강연구소와 네덜란드 에라스무스대 의학센터 등의 공동연구팀 연구를 보자. 이들은 네덜란드의 6~10살 아이 783명을 대상으로 연구했다. 태아기 때의 미세먼지 노출을 태아 두뇌 영상 촬영을 통해 조사했다. 그랬더니 태아기 때 노출된 초미세먼지 농도가 연평균 5ug/m³ 높을 때마다 뇌 오른쪽 반구 일부 영역의 대뇌피질이 0.045mm 얇아지더라는 것을 발견했다. 즉 이런 어린이들에게 주의력결핍과잉행동장애 같은 행동이 더 많이 발생할 수 있다고 말한다.

⊕ 미세먼지는 치매, 정신병과 연관성이 있다

미세먼지가 사람의 인지기능과 기억력을 감소시킨다는 보고가 있다. 특히 초미세먼지에 연중 장기간 노출이 되면, 알츠하이머 환자나 혈관성 치매 환자들의 경우 인지기능 저하와 기억력 저하 현상이 나타나는 것으로 알려져 있다. 또한 미세먼지 농도가 높은 곳에 사는 사람일수록 뇌 인지 기능 퇴화 속도가 빠르게 나타난다는 연구도 있다.

김기업 순천향대학병원 교수는 초미세먼지가 혈관을 타고 들어가면 뇌에서는 치매가, 심장에서는 동맥경화증이 유발될 수 있다고 주장한다. 또한 초미세먼지에의 노출은 뇌 신경계 중 도파민 분비에 영향을 미쳐 우울증 및 불안 장애를 일으키고, 이에 따른 자살률을 상승시킨다는 것이다.

"도로 근처에 오래 살수록 초미세먼지에 많이 노출되면서 치매 위험이 높아집니다." 캐나다 공중보건 연구진이 11년간 장기 추적조사를 한 결과이다. 즉 도로 가까이 사는 사람일수록 치매 위험이 높았다는 것이다. 주요 도로에서 50m 이내에 사는 사람은 200m 밖에 사는 사람보다 치매 위험이 최대 12% 높아지는 것으로 밝혀졌다.

도로 옆이 더 위험한 것은 차량에서 배출되는 미세먼지의 90% 이상이 초미세먼지이기 때문이다. 초미세먼지 입자는 뇌로 직접

침투할 수 있다. 초미세먼지가 뇌 속으로 들어가면 염증 반응이 일어나고, 신경세포를 손상시켜 알츠하이머성 치매를 유발할 수 있다. 초미세먼지가 어린이 두뇌에는 나쁜 영향을 주고, 노인들에게는 치매의 위험성을 증가시키는 것이다.

미세먼지는 정신질환이나 우울증을 부른다. 2019년 8월 〈Plos Biology〉에서 미국 시카고대의 안드레이 알제츠키 교수 연구팀은 1억 5천만 명 이상을 분석했다. 여기에 1979~2002년에 태어난 덴마크인 140만 명도 같이 분석했다. 그랬더니 공기오염이 심한 곳에 사는 미국인은 조증과 우울증이 반복되는 양극성 장애로 진단받은 비율이 27%나 높았다. 환각과 자살 충동이 나타나는 주요 우울증도 6% 더 많았다. 덴마크인들도 10세 이하의 어린 시절에 대기오염에 심하게 노출되면 성인이 되어 주요 우울증을 겪을 위험이 50%나 높았다. 조현병에 걸릴 위험도 공기가 좋은 곳에서 자란 사람의 2배나 높았다.

⊕ 미세먼지는 암과 죽음을 부른다

미세먼지는 대표적인 발암물질이다. "여성들의 폐암환자 발생이 15년 만에 2배로 늘어", 2018년 대한폐암학회의 발표 내용이다. 대한폐암학회는 여성들의 폐암 발생원인을 간접흡연, 미세먼지,

라돈 등으로 본다. 미세먼지가 암을 부르는 것이다.

미세먼지는 폐암 사망률만 높이는 것이 아니다. 폐암이 아닌 다른 암의 사망률도 높인다. 특히 초미세먼지는 간암, 대장암, 방광암, 신장암의 사망률을 높이고, 미세먼지는 췌장암과 후두암의 사망률도 증가시켰다. 대기오염 노출은 말기 암 사망률을 높일 뿐 아니라 조기암 사망률은 더 높인다고 한다. 한양대학교 가정의학과 김홍배 교수와 연세대학교의과대학 가정의학과 이용제 교수팀의 연구에 따르면 초미세먼지와 미세먼지, 그리고 이산화질소가 $10ug/m^3$ 증가할 때마다 모든 종류의 암으로 인한 사망 확률이 각각 17%, 9%, 6% 상승했다고 한다.

미세먼지 등 대기오염으로 인한 조기 사망자가 연 880만 명에 이른다는 연구 결과도 있다. 독일 마인츠 의대와 막스플랑크 연구소 연구팀은 2019년 3월 〈유럽심장저널〉에 실린 논문에서 2015년 기준 880만 명이 대기오염으로 조기 사망한 것으로 추산했다. 연구팀은 유럽의 대기오염에 따른 조기 사망자는 2015년 1년간 79만 명이었으며, 사망자의 40~80%가 호흡기가 아닌 심장마비나 뇌졸중 등 심혈관계 질환으로 숨진 것으로 추산했다. 이들의 연구에서는 중국의 경우 대기오염에 따른 조기 사망자가 연간 280만 명이나 되는 것으로 나타났다. 이 수치는 기존 추산치보다 2.5배나 많다.

서울대 홍윤철 교수팀은 초미세먼지 때문에 1년에 1만 2천 명정도가 기대수명보다 일찍 죽는다고 2017년 12월 발표했다. 지역별 초미세먼지 농도, 기대수명, 질병, 생존기간 등을 조사해보니 2015년 한 해 동안 1만 1,900여 명이 조기 사망했을 것으로 추정된다는 것이다. 홍교수는 "갑작스러운 사망을 초래한다기보다 사망 시기가 수 년 정도 앞당겨지는 것"이라고 말한다. 초미세먼지로 인한 조기 사망자 수에서 뇌졸중이 조기 사망 원인의 절반가량을 차지했고, 심장질환과 폐암이 각각 2위와 3위였다. 연구팀은 초미세먼지가 너무 작아 모세혈관을 뚫어 혈액에 침투하기 때문이라고 분석했다.

미세먼지가 재난임을 보여주는 영상들

차이: 파란 하늘을 본 적 있어요?

왕 휘칭: 푸른 끼가 있는 하늘은 한 번 본 적이 있어요.

차이: 하얀 구름은 어때요? 본 적 있어요?

왕 휘칭: 아뇨, 없는데요….

중국에서 만든 '미세먼지' 다큐 <언더더돔 Under the Dome>에 나오는 대화이다. 이 장면을 보면서 너무나 마음이 아팠다. 하얀 구름을 본 적이 없는 중국의 어린이들. 이들의 기억에 구름은 검은색과 진회색만 들어 있는 것이다.

이 다큐는 한 앵커가 어린 딸의 암 발생이 중국의 심각한 미세먼지 때문이라고 생각하고 피해를 막기 위해서 만들었다. 이 다큐를 제작하면서 그는 중국의 디스토피아적인 미세먼지의 현실에 절망한다.

그런데 미래 한국의 미세먼지가 중국보다 더 심각할 것이라는 영상도 있다. 한국의 웹 드라마 <고래먼지>다.

"공기가 썩기 전에는 '벚꽃엔딩' 들으면서 봄만 되면 소풍 나갔었는데…"

"소풍이 뭐예요?"

이 웹드라마의 배경은 지금으로부터 30여 년 후인 2053년의 서울이다. 극심한 미세먼지로 인해 방독면 없이 외출하는 것은 자살이나 다름없다. 보이는 것은 다 무너진 황량함이고, 다시 볼 수 없게 된 봄 풍경은 노래로만 남아 있다. 소풍이라는 것을 아예 알지 못하는 세대가 2053년이면 정말 서울에 나타날까?

"잿빛 하늘 아래에서 살아가는 사람들, 그리고 그들의 존재마저도 지워버리는 스크린 속 미세먼지는 차라리 공포다."

한국영화 <낯선 자>의 한 장면이다. 미세먼지가 너무 심해 창문을 꽁꽁 싸맸기에 집안은 대낮에도 깜깜하다. 맑은 공기를 찾아 집에 침입한 거지를 피해 주인공들은 온 힘을 다해 도망친다. 그러나 바깥은 보이지 않을 정도의 자욱한 미세먼지뿐이다.

서양영화로 가보자. "마침내 미세먼지가 온 세상을 뒤덮었다!" 프랑스 영화 <인 더 더스트>의 광고 카피다. 파리에 지진과 함께 미세먼지가 차오르는 사상 초유의 재난이 발생한다. 수많은 사람들이 죽어가면서 파리시민의 60%가 죽는다. "최첨단 인공지능으로 병을 치료하는 미래이지만 미세먼지만은 국가도 사람도 할 수 있는 것이 없습니다." 감독은 말한다.

오존의
두 얼굴

사람을 기본 입자로 분해한 다음 에너지로 바꿔 원하는 장소에 보내는 '전송기술', 우주선이 빛보다 빠른 속도로 날아가는 '워프 항법warp drive', 행성에서 우주에 떠 있는 우주선과 통신할 때 쓰는 '개인용 통신기기communicator', 주 컴퓨터로 입체 영상을 허공에 띄우는 '3D 영상', 사람과 로봇의 결합체인 '안드로이드', 빛으로 상처 부위를 치료하는 '레이저시술'. 이 기술들은 TV드라마로 방영되었던 〈스타트랙〉에 나오는 최신 기술들이다.

〈스타트랙〉은 커크 선장이 이끄는 우주선 엔터프라이즈호가 우주 멀리까지 탐사해가면서 새로운 세계와 문명을 탐험한다는 내용의 SF드라마다. 그런데 이 드라마에서 사용된 기술 중 대부분은 우리들의 삶에 들어와 활용되고 있다.

그래서인가? 이 드라마를 보면 최근에 만들어졌다는 착각을 하게 된다. 그러나 놀라지 말기 바란다. 이 드라마는 지금으로부터 무려 55년 전인 1966년에 미국에서 만들어졌다.

드라마 속 기술 중에서도 단연 압권은 엔터프라이즈호가 가진 방어무기인 '쉴드Shield'다. 적의 공격으로 위기에 빠질 때 선장은 보호막Shield을 작동시킬 것을 명령한다. 그러면 거의 모든 적들은 보호막을 뚫지 못한 채 패배하고 만다. 그런데 지구에도 엔터프라이즈의 보호막처럼 지구의 가장 외곽에 밴알렌대라는 보호막이 있다. 그리고 지구를 지켜주는 두 번째 방패막이 바로 오존층이다.

⊕ 지표면 오존은 건강에 해롭다

물속에 살던 생명체가 육지로 올라올 수 있었던 것은 오존층이 만들어지면서 자외선을 차단해주었기 때문이다. 오존은 희미한 청색을 띠는 기체인데, 대기 중에서는 방전으로, 성층권에서는 태양의 복사에 의해 만들어진다. 오존은 2개의 얼굴을 가지고 있는데, 지표면에서 만들어지는 오존은 건강에 매우 해로운 반면, 성층권의 오존은 지구 생명체를 보호하는 역할을 한다. 따라서 지표면의 오존은 적을수록 좋지만 성층권의 오존은 많을수록 좋다.

지표상에서 발생하는 물질로 오존을 만드는 재료는 질소화합물과 휘발성 유기화합물이다. 질소화합물은 주로 경유 자동차에서 발생하고, 휘발성 유기화합물은 페인트나 접착제 등 건축자재나 공장 등에서 발생하는 오염물질이다. 질소화합물이나 휘발성 유기화합물이 강한 자외선을 만나면 광화학 반응이 일어나면서 오존이 만들어지며, 건강에 매우 나쁜 물질이 된다.

오존은 살균력이 강하고 산화력도 강해서 호흡을 하게 되면 바로 폐손상을 가져온다. 피부에는 질환이 생기고, 어지러움과 두통이 발생하면 심한 경우 심장질환 가능성이 높아진다. 미세먼지를 '은밀한 살인자'라고 부르는 반면, 오존은 '조용한 살인자'라고 부르는 것은 이 때문이다. 또한 미세먼지의 경우 미세먼지 마스크로 어느 정도 막을 수 있는데, 오존의 경우에는 가스형태이기 때문에 마스크로 걸러지지 않은 채 그대로 호흡기에 노출된다는 특성이 있다.

국제 보건영향연구소가 국제학술지 〈The Lancet〉에 게재한 '세계질병부담 보고서'에 따르면 오존은 전 세계에서 약 25만 4천 명의 사망에 영향을 미친다. 만성폐색성폐질환[COPD]으로 인한 사망자의 8.0%는 오존 노출 때문이었다고 하는데 오존 노출로 인한 건강 피해가 많은 나라로는 중국, 인도, 미국 등이 손꼽히고 있다.

그런데 지구온난화로 인한 기온 상승으로 우리나라 오존 농도는 매년 가파르게 증가하고 있다. 연도별 오존경보 발령 현황을 보면 2011년 55회에서 계속 늘어나면서 2016년 241회, 2017년

276회로 매년 역대 최다기록을 갈아치우고 있으며, 특히 여름철 폭염이 극심했던 2018년에는 오존경보 발령 횟수가 489회로 급증했다. 오존 농도의 증가는 기온 상승과 밀접하기에 앞으로 폭염이 더 많이 발생할수록 오존 농도도 증가할 것으로 보인다.

⊕ 성층권에 있는 오존은 지구 생명체에게 좋다

대기 상층에 있는 오존층은 고도 15~25km 성층권에 위치해 있다. 두께는 비록 3mm밖에 되지 않지만 태양의 자외선을 차단해 지구 생명체를 보호하는 역할을 한다. 오존은 산소 원자 3개로 이루어진 반응성이 매우 강한 분자이다. 성층권에서 오존이 만들어지는 것을 수식으로 보자.

자외선이 산소 분자를 2개의 산소 원자로 나눈다($O_2 \rightarrow 2O$). 산소원자는 산소 분자와 합쳐져 오존이 만들어진다($O + O_2 \rightarrow O_3$). 만들어진 오존은 자외선에 의해 다시 산소분자와 산소원자로 분해된다($O_3 \rightarrow O + O_2$).

오존을 분해하는 데 자외선이 이용되기에 오존층을 통과하는 자외선은 크게 줄어든다. 오존층을 초강력 자외선 차단제라고 할 수 있는 것은 유해한 자외선으로부터 지표면에 사는 생명체를 보호하기 때문이다.

오존층의 자외선 흡수율은 자외선 A는 5%, 자외선 B는 90%, 자외선 C는 100%정도이다. 인체에 가장 나쁜 자외선인 자외선 C는 오존층이 거의 차단해준다. 문제는 오존층이 파괴될수록 더 많은 자외선이 지표면에 도달하게 된다는 것이다.

2020년 5월 미항공우주국은 성층권의 오존이 1% 감소하면 자외선은 2% 증가하고, 자외선이 1% 증가하면 피부암은 5% 정도, 백내장은 1% 정도 증가한다고 밝혔다. 만일 오존이 10% 감소하면 자외선은 20% 증가하면서 사람들에게 피부암이라든가 백내장 등의 질병을 유발하고 면역체계를 억제하며, 삼림이 말라죽어 쌀이나 콩 등 작물의 생산량도 줄어드는 것이다.

그런데 성층권 오존이 사라진다는 충격적인 연구 결과가 보고되었다. 1970년대 초에 미국의 화학자 롤런드[F.S. Rowland]와 몰리나[M. Molina]는 성층권에 있는 염화불화탄소[CFC : Chloro Fluoro Carbons]가 태양의 자외선 복사로 성층권에서 분해되어 그 구성 성분인 염소원자와 일산화염소원자로 방출된다는 사실을 밝혀냈다. 그리고 이 원자들은 각각 많은 수의 오존 분자들을 파괴해 오존층에 구멍이 난다는 연구 결과를 발표했다.

CFC는 우리가 흔히 '프레온가스'라고 부르는 물질로 냉장고나 에어컨, 헤어스프레이 등에 주로 썼던 인공화합물이다. 문제는 CFC가 화학적으로 안정하기 때문에 대기권으로 방출된 뒤에도 거의 분해되지 않고 쉽게 성층권까지 올라간다는 점이다. 성층권까지 올라간 CFC는 자외선에 의해서 분해되어 염소 원자를 방출하는데, 이때 생긴 염소 원자가 오존 분자를 분해하면서 오존층이 파괴된다. 보통 염소 원자 1개가 오존 분자 10만 개를 파괴한다.

1978년에는 미국, 노르웨이, 스웨덴, 캐나다에서 에어로졸 분사기 용기에 들어 있는 CFC 사용을 금지했다. 1985년에 영국 남극조사단은 남극 대륙 상공의 오존층에 구멍^{hole}이 생겼음을 발견하면서 오존층 파괴가 심각함을 알렸다. 이에 국제적인 공조가 시작되면서 28개국 대표부가 오존층 보호를 위한 비엔나 협약^{VCPOL}에서 이 문제를 논의했다.

회의에서는 오존 파괴 화학물질 관련 연구에 국제적 협력을 요청했고, 국제연합환경계획^{UNEP}이 몬트리올의정서의 기초 작업을 수행할 수 있는 권한을 부여했다. 몬트리올의정서는 CFC 또는 CFCs, 할론^{halon} 등 지구대기권 오존층을 파괴하는 물질에 대한 사용금지 및 규제를 하기로 약속한 의정서이다. 1987년 9월에 의정서가 채택되어 1989년 1월 발효되었다. 가입국가들이 99%의 오존층 파괴 화학물질을 단계적으로 폐기하도록 강제하고 있다. 처음에는 46개국으로 시작했으나 지금은 200여 개국이 가입했고, 우리나라는 1992년 2월 의정서에 가입했다.

그러나 오존층의 파괴 속도가 당초 예상보다 빨라지자 1992년 11월 덴마크의 코펜하겐에서 제4차 가입국 회의가 열렸다. 이 회의에서 일부 물질에 대해 당초 2000년 1월에 완전 폐기하기로 했던 계획을 1996년 1월로 앞당기고, 규제 대상 물질도 20종에서 96종으로 확대했다.

8장 공기의 종말인 에어포칼립스가 온다

롤런드와 몰리나는 오존층 파괴연구로 네덜란드 화학자 크루첸P. Crutzen과 함께 1995년에 노벨 화학상을 받았다. 그리고 1994년 제49차 유엔총회에서는 몬트리올의정서 채택일인 1987년 9월 16일을 '세계 오존층보호의 날'로 정했다. 이후 오존층 파괴물질의 배출이 줄어들면서 오존층의 복원이 이루어지고 있다.

⊕ 오존 구멍의 역대급 변동이 발생하고 있다

오존층을 파괴하는 물질의 사용을 금지하기 시작한 기간이 30년이 넘었음에도 여전히 오존 구멍이 발생하는 것은 왜일까? CFC 등 오존 파괴물질은 방출 후에도 몇십 년에서 100년 정도 대기에 머물러 있기 때문이며, 기온이나 바람 등의 기후변화의 영향 때문이다.

2019년 10월에 NASA/NOAA는 리포트를 통해 2018년에 최근 들어 가장 넓어졌던 오존 구멍이 2019년에는 1982년 이후 가장 작은 오존 구멍Ozone Hole으로 변했다고 밝혔다. 2019년에는 오존 구멍이 9월 8일 1,640만 km^2로 가장 넓어진 후 급격히 구멍이 줄어들면서 10월에는 1천만 km^2 이하로 줄어들었다. 2000년대 들어 가장 오존 구멍이 넓었던 2006년의 2,600km^2만보다 무려

3분의 1 수준으로 줄어든 것이다.

　지난 40년 동안 성층권이 따뜻해지면서 오존 구멍이 작아진 것은 세 번이 있었는데, 1988년과 2002년 9월에 있었고, 이 중 2019년 오존 구멍이 가장 작았다. 그런데 매우 작아졌던 오존 구멍이 2020년에는 다시 커졌다. "2020년 남극 오존 구멍은 크고 깊다." 2020년 10월 세계기상기구의 발표이다.

　WMO의 지구 대기 감시 프로그램은 유럽의 코페르니쿠스 대기 감시 서비스, NASA, 환경 및 기후변화 캐나다 및 기타 파트너들과 긴밀히 협력해 태양의 해로운 자외선으로부터 우리를 보호하는 지구의 오존층을 감시하고 있다. 2020년 오존 구멍은 8월 중순부터 급속히 커졌으며, 10월 초에는 약 2,400만 km^2를 기록했다.

　이 정도의 오존 구멍 크기는 지난 10년 동안의 평균보다 높으며 구멍은 남극대륙의 대부분에 퍼져 있다. WMO는 "2020년의 큰 오존 구멍은 강하고 안정적이며 차가운 극지방 소용돌이에 의해 생겨났고, 남극 상공의 오존층의 온도가 지속적으로 차갑게 유지되면서 오존 구멍은 넓어졌다"고 밝혔다. 이처럼 오존 구멍 크기는 기후조건에 따라 변동성이 큰데, 2020년 남극 오존 구멍은 2018년의 오존 구멍 크기과 비슷할 정도로 넓었다.

　그런데 특이한 점은 오존 구멍이 잘 발생하지 않는 북극에서도 2020년에 오존 구멍이 만들어졌다는 것이다. 북극 상공에 희귀하고 큰 오존 구멍이 만들어졌다고 2020년 3월호 〈Nature〉에 실렸다. 남극의 오존 구멍은 9월에서 11월 사이에 발생하지만 북극 오존 구멍은 봄철인 3월에서 5월 사이에 나타난다. 다만 남극 오존 구멍처럼 매년 나타나거나 크게 발생하지 않는다.

남극 오존층이 주기적으로 나타나는 것은 남극의 겨울 기온이 주기적으로 낮게 떨어지면서 극성층권 구름이 만들어지기 때문이다. 그러나 북극에서는 남극처럼 급격한 기온하강이 잘 발생하지 않는다.

그런데 2020년 3월에 이례적으로 북극의 오존 구멍이 최대로 발생했다. 강력한 서풍이 북극을 중심으로 흘러들면서 '극 소용돌이'가 만들어졌고 기온이 급격히 낮아졌다. 급격한 기온 저하로 인해 만들어진 극성층권 구름으로 인해 오존층이 급격히 파괴된 것이다. 오존 구멍은 극도로 추운 온도(-78°C 미만), 햇빛, 유해 화학물질로 이루어진다. 남극과 마찬가지로 북극의 오존 구멍은 대부분 극 소용돌이 내부에서 발생한다.

극 소용돌이는 겨울에 강하고 빠르게 부는 원형 바람의 영역으로, 소용돌이 내의 기단*을 고립시켜 매우 차갑게 유지하면서 오존 구멍을 만드는 극성층권 구름을 만들어낸다. 2020년 3월의 북극 상공 오존 농도는 3월 한 달 동안 사상 최저치에 도달했다. 보통 '오존 구멍 수준'으로 간주되는 220 Dobson Units 이하로 감소했고, 피크에서는 205 Dobson Units로 감소했다.

이처럼 2020년 3월의 이례적인 북극 오존 구멍은 기후변화가 심각

기단
넓은 지역에 걸쳐 있는 공기 덩어리. 수평 방향으로 같은 성질을 가진다

해질 미래에 더 많이 나타날 수 있음을 보여준다. 기상 조건과 기온이 해마다 달라지면서 오존층 파괴의 심각성이 늘어나 때때로 큰 북극 오존 구멍의 발생이 가능한 것이다.

2018년부터 2020년까지 남극 오존 구멍이 심각한 크기 변동을 가져오고 2020년 북극권에 오존 구멍이 나타난 것은 지구온난화로 인한 기후변화가 가장 큰 영향을 주었다. 몬트리올의정서로 인해 오존 구멍은 줄어들 것으로 예상되지만 심각한 기후변화가 발생하면 다시 커질 수도 있다는 것을 유념해야 한다.

8장 공기의 종말인 에어포칼립스가 온다

뉴딜의 기원은 미국에서 1930년대 대공황으로 인한 경제위기를 해결하기 위해 루스벨트 대통령이 주관한 정책이었다. '구제, 회복, 개혁'이라는 정책 목표를 세우고 추진되었는데 최근 세계가 추진하고 있는 그린뉴딜과 상통하는 면이 있다. 당시 미국 정부는 뉴딜정책을 통해 도로, 교량 등 사회 기반시설을 건설하고 농업을 지원하면서 많은 일자리를 만들었다. 이 당시 고용주와 노동자가 비용을 분담하는 오늘날 사회보장제도의 기본 모습이 등장했는데 이는 뉴딜의 핵심정책이기도 했다.

21세기에 들어와 사회·경제의 구조적 위기를 새로운 정책으로 해결하려는 노력이 바로 뉴딜에서 차용해온 '그린뉴딜'이다. 기후변화에 대응하고 친환경정책을 통해 경제를 부흥하고 일자리를 창출하려는 노력이라고 할 수 있다.

미래는
준비하는 자의 것이다

혁명적인
그린뉴딜이 필요하다

⊕ 유럽의 그린딜,
어떤 내용을 담고 있나?

세계 모든 나라들이 저성장시대에 새로운 패러다임의 경기부양책으로 그린뉴딜 Green New Deal을 선택하고 있다. 그린뉴딜은 에너지를 전환하는 등 녹색산업에 대한 투자로 경제 활성화를 도모하는 것이다. 지금까지 유럽연합은 교토의정서 및 파리협정을 이행하기 위해 온실가스 감축 목표를 지속적으로 강화하면서 환경친화적인 정책을 추진해오고 있다.

2019년 12월에 유럽연합 EU은 유럽의 새로운 성장동력으로

'그린딜Green Deal' 전략을 채택했다. 2050년까지 EU 27개 회원국을 순탄소배출량 제로인 탄소중립으로 만들겠다는 것이다. 지구온난화의 원인 물질인 탄소의 배출량을 신재생에너지로 전환해 실질적으로 탄소 순배출을 제로로 만드는 것이 목표다. 유럽연합은 향후 10년 동안 최대 1조 유로(약 1,405조 원) 규모를 투자해 2030년까지 온실가스 배출량을 1990년 대비 50~55%까지 감축하는 단기목표도 세웠다.

2020년 8월에 유럽의 정상회의에서는 "단기적으로는 코로나19가 더 크게 확산되지 않도록 막는 데 총력을 기울여야 할 것이다. 동시에 나날이 새로워지는 재난의 뿌리, 기후위기에 대처해야 한다"고 밝혔다. 이를 위해 2021년부터 7년간 코로나19 대응을 위한 7,500억 유로 규모의 경제회복기금에 합의하면서 기금 지원 조건에 '기후변화 대응'을 포함시켰다. 5,500억 유로(771조 원)가 탄소중립을 목표로 한 기후변화 대응에 투입된 것이다.

유럽연합은 코로나19로 무너진 경제를 되살리는 방안으로 그린산업에 집중투자하겠다고 선언했다. 재원을 확보하기 위해 환경세를 신설하고, 고탄소배출 기업에는 패널티를 매긴다. 그리고 저탄소배출 기업에는 투자를 돕고 그들이 시장에서 경쟁력을 갖도록 돕겠다는 것이다. 또한 탄소배출 절감기술 혁신에도 투자하기로 결정했다. 유럽연합의 그린딜 계획에 참여하지 않는 국가는 기존 보조금의 절반만 받을 수 있도록 했다. 이제는 그린딜이 유럽경제의 모든 측면에 절대적인 영향을 미치게 된 것이다.

유럽의 그린딜을 상징적으로 보여주는 것이 프랑스이다. 프랑스는 헌법 1조에 '프랑스는 기후와 싸운다'는 내용을 삽입했다. 지금까지 프랑스 헌법 1조는 '법 앞에서 인종·종교의 차별이 없고, 투표권에 성별의 차별을 두지 않는다'고 명시하고 있었다. 여기에다가 '기후변화 방지를 위한 싸움과 환경 및 생물다양성에 대한 보호를 보장한다'는 문구를 추가한 것이다. 프랑스 하원은 2021년 3월 16일 수정된 헌법 1조를 가결시켰다. 참으로 부럽다는 생각이 든다.

⊕ 미국의 그린뉴딜, 어떤 뉴딜인가?

원래 그린뉴딜은 2008년 미국에서 먼저 시작했다. 2008년 금융위기를 해결하기 위해 오바마 전 대통령이 그린뉴딜 정책을 제안한 것이다. 그의 구상은 1,500억 달러를 태양광과 풍력 등 신재생에너지 기술 개발에 투자해 500만 개의 일자리를 만들어내겠다는 것이었다.

오바마 전 미국 대통령은 태양광이나 해상풍력 등 신재생에너지 발전을 장려하면서 기후변화 대응에 적극적이었다. 그러나 다음 대통령이었던 트럼프는 오바마의 친환경정책을 폐기시키거나 저지했다. 오히려 그는 기후변화의 적인 석탄 시장을 활성화하기

9장 미래는 준비하는 자의 것이다

도 했다. 그러나 기후위기의 해결사인 바이든 대통령이 새로운 대통령으로 돌아왔다.

2021년 1월 20일 미국 대통령에 취임한 바이든은 취임 연설에서 코로나19를 비롯한 미국 사회의 각종 문제에 대한 해답으로 '통합unity'을 제시하고, 특히 기후위기에 적극 대응하기 위한 생각과 행동의 변화를 촉구했다. 바이든 대통령이 가장 먼저 한 일은 트럼프 전임 대통령이 탈퇴한 파리협약에 재가입하는 것이었다. 그리고 그는 약 2조 달러의 예산을 투자해 2050년 탄소중립을 달성할 것을 선언했다.

바이든 대통령은 기후변화 대응에 대한 규제를 강화하는 것을 골자로 하는 행정명령에 서명했다. 내용으로는 '첫째, 2030년까지 해상풍력 발전량을 현재의 2배 수준까지 확대한다. 둘째, 재생에너지 분야에 기술개발을 위한 자금을 지원한다. 셋째, 미국 노동자들을 위한 양질의 일자리를 창출한다'는 것이다. 이에 따라 미국 내의 새로운 석유와 가스 시추가 중단되고, 화석 연료 산업에 들어가던 보조금은 삭감된다.

바이든의 친기후정책은 "기후변화를 생각하면 '일자리'가 떠오른다. 미국 경제의 장기적 건정성과 활력, 미국 국민의 건강을 위한 가장 중요한 투자가 기후변화이다"라고 말할 정도이다. 그는 기후변화 대응을 위한 투자가 동시에 경제를 부양할 것이라고 굳게 믿고 있다.

이의 근거는 스탠퍼드대학교와 UC버클리대학교 공동연구팀이 2019년 발표한 보고서에 나온다. 이 보고서는 전 세계 143개 국이 2050년까지 에너지 공급체계를 100% 재생에너지로 바꾸면 2,860만 개의 일자리가 새로 만들어질 것으로 전망했다. 또한 화석연료 에너지 생산체제에선 사회적 비용이 연간 8,650억 달러가 들지만 이를 재생에너지로 바꾸면 연간 1,610억 달러로 줄어들 것이라고도 예측했다.

바이든 대통령은 2021년 4월 22일 기후정상회의를 주최하면서 미국의 기후변화 대응 의지를 전 세계와 나누며 지구촌의 초록빛 미래를 향해 행동하자고 권유했다. 우리나라의 문재인 대통령도 참석해 온실가스 감축과 함께 세계적으로 석탄 사용을 줄이는 데 동참하겠다는 뜻을 밝혔다. 미국은 유럽연합으로 넘어간 기후리더 자리의 탈환을 노리고도 있다.

⊕ 한국의 그린뉴딜, 어떻게 진행되고 있나?

우리나라는 그린뉴딜에 늦게 참여했다. 2020년 코로나19로 인해 경제가 어려워지고 또 기후위기가 심각해졌기에 이에 대응하기 위해 그린뉴딜을 선언한 것이다.

2020년 7월 발표한 한국판 뉴딜 정책은 일명 'K-뉴딜'이라고도 부른다. 경제적 어려움을 극복하고 미래의 새로운 사회를 만들

9장 미래는 준비하는 자의 것이다

기 위한 시도이다. 기획재정부, 과학기술정보통신부, 환경부 등 모든 정부 부처가 참여해 만든 종합 경제 개발 계획이다. 2025년까지 5년간 160조 원의 예산이 투입될 계획이며, 2050년에 탄소중립을 실현하려고 한다.

2020년 10월 28일, 문재인 대통령이 우리나라의 '탄소중립 추진'을 선언했다. 우리나라의 뉴딜정책은 사회의 체질 개선을 목표로 크게 세 가지 방향으로 추진된다. 경제 전반의 디지털 혁신을 위한 '디지털 뉴딜', 친환경 저탄소 사회로의 전환을 앞당기는 '그린뉴딜', 그리고 재편에 따른 불확실성 증가와 실업 확대 등에 대비한 '안전망 강화'다.

첫째, 디지털 뉴딜은 인공지능과 빅데이터 시대에 맞춰 데이터 활용을 고도화하려는 것이다. 데이터-네트워크-인공지능 생태계와 비대면 산업 육성, 사회간접자본SOC 디지털화 등이다.

둘째, 그린뉴딜은 탄소 중립을 달성하기 위한 친환경 에너지 인프라를 구축하는 것이다. 전기차나 수소차 등 친환경 산업의 경쟁력 강화를 지원하는 정책이다. 총 73조 4천억 원 규모의 사업으로 녹색 인프라와 신재생에너지, 녹색산업 육성 등에 집중 투자하며, 일자리 66만 개를 만든다.

셋째, 안전망 강화는 고용의 사각지대를 해소하고, 미래에 대응하는 직업훈련을 제공하고 혁신인재를 양성하는 것으로 28조 4천억 원이 투자된다.

⊕ 국가기후환경회의의 발족, 그리고 기후변화와 미세먼지 대응

"우리는 모두 같은 하늘 아래에서 공기를 마시며 살아갑니다. 미세먼지가 불어오면 어른이나 아이나, 부자나 빈자나, 한국인이나 외국인이나 피할 수 없습니다. 국민의 건강을 위협하는 미세먼지 문제에 이념이나 정파가 있을 수 없으며, 국경이 경계가 될 수 없습니다. 미세먼지 해결을 위해 사회 분열적 요소를 넘어서, 외교적 협력은 물론 정부, 지자체, 기업, 시민 모두가 힘을 합해야 합니다." 반기문 국가기후환경회의 위원장의 말이다.

2019년 4월에 발족한 국가기후환경회의는 반기문 전 유엔사무총장이 위원장을 맡았다. 우리나라 최고의 학자와 교수, 연구원, 기업체의 인재, 언론인까지 200여 명 이상이 전문위원으로 위촉되었다. 지역, 나이, 성을 고려해 국민 중에서 뽑힌 500여 명의 국민정책참여단도 위촉되었다.

여러 분과에서 전문위원들이 모여 어떻게 하면 우리나라 미세먼지 문제를 해결할 수 있겠는지 끝장토론을 불사했고, 500여 명의 국민정책참여단이 헌신적으로 대토론과 권역별토론을 하면서 가장 좋은 대책이 나오도록 협력했다. 그렇게 만들어진 미세먼지 저감 제안이 2019년 12월부터 2020년 3월까지 미세먼지를 저감하는 단기대책이었다.

2019년에는 단기대책으로 겨울부터 2020년 봄까지 미세

9장 미래는 준비하는 자의 것이다

먼지를 저감하는 대책을 세웠다. 대책에서는 2019년 겨울부터 2020년 봄까지 국내에서 배출되는 미세먼지를 20% 줄이겠다는 과감한 목표를 세웠다. 전력수요가 최고조에 달하는 겨울과 봄철에 최초로 석탄발전소를 최대 3분의 1 이상 가동중단하고, 생계용을 제외하고는 미세먼지를 많이 배출시키는 노후 차량들의 운행을 전면적으로 제한한다는 것이 가장 큰 내용이다. 이런 내용의 단기제안을 정부에 제안했다. 그리고 정부에서 적극적으로 수용해서 미세먼지 문제를 해결하기 위해 노력했다.

단기정책을 정부에 제안한 후 바로 다시 중장기정책을 수립하기 위해 국가기후환경회의 반기문 위원장을 비롯해 전문위원들, 그리고 국민정책참여단 모두가 적극적으로 참여해, 미세먼지 문제뿐만 아니라 당장 전 세계의 화두로 떠오른 기후변화의 근본적인 해결까지도 포함하는 대책을 마련했다.

국가기후환경회의의 중장기 정책제안 내용을 살펴보자. 총 29개 과제가 제안되었는데, 토론 및 설문을 통해 29개 과제 모두에 대해 국민정책참여단 대다수가 필요성에 동의했을 뿐 아니라 국민들에게 부담과 불편을 초래하는 수송·발전 부문 핵심과제들에 대해서도 높은 동의율을 보였다. 이번 정책 제안에서는 '지속가능발전' '2050년 탄소중립' '녹색경제·사회로의 전환'을 3대 축으로 한 구체적 실천 과제들을 제시하고 있다. 이번 '중장기 국민정책제안'은 사회적 파급효과가 크고 첨예한 쟁점대립이 예상되는 8개의 대표 과제와 함께 기존 정부정책을 확대·강화하기 위한 21개의 일반 과제 등 총 29개의 과제로 구성되어 있다.

8개의 대표 과제를 살펴보면 첫 번째와 두 번째 과제는 비전과 전략에 대한 것이다. 첫 번째 과제는 미세먼지 해결을 위한 중장기적이고 전략적인 접근을 위해, 2030년 미세먼지 감축 목표를 설정하는 것이다. 2030년의 초미세먼지(PM2.5) 관리 목표를 15ug/m³로 설정하는 것으로, 이 수치는 세계보건기구의 '좋음' 수치에 해당한다. 이를 위해 위해성 관리를 강화하고 환경기준을 주기적으로 검토하고 개선해나가야 한다는 것이다.

두 번째 과제는 기후위기, 경제불황, 사회불평등의 극복을 위해 지속가능발전-녹색성장-기후변화를 아우르는 국가비전을 마련하는 것이다. 이를 위해 '지속가능발전을 향한 탄소중립 녹색경제·사회로의 전환'을 국가비전으로 선언하고, 이를 구현하기 위한 실천 전략으로서 지속가능발전목표를 내재화하고 녹색경제·사회로 전환하며 2050 탄소중립을 실현한다. 그리고 국가비전을 구체화하기 위한 후속조치로서 '저탄소 녹색성장 기본법' 등 현행 법률체계를 개편하고, 국가기후환경회의를 포함한 관련 4개 위원회를 통·폐합하는 등 재정비해야 한다고 제안했다.

세 번째와 네 번째 과제는 국민들이 민감하게 볼 수 있는 분야로 수송분야의 과제이다. 경유차 수요를 줄이기 위해, 자동차 연료(휘발유·경유) 가격을 조정해야 한다는 것이다. 궁극적으로는 OECD 권고 수준(100 : 100)으로 몇 년에 걸쳐 가격을 점진적으로 조정해야 한다는 것이다. 다만 경유화물차를 많이 사용하는 서민들에 대한 배려가 필요하다고 제안했다.

네 번째 과제는 수송부문의 미세먼지와 온실가스 배출을 줄이기 위해 내연기관차에서 친환경차로의 전환 로드맵을 마련해야 한다는 것이다. 국가기후환경회의는 2035년 또는 2040년부터 무공해차와 플러그인 하이브리드차^{PHEV} 또는 무공해차만 국내 신차 판매를 허용하도록 제안했다. 이처럼 국민이나 기업, 정부 등에서 정책 수용성을 높이고, 정책의 안정적인 연착륙을 꾀하기 위한 여러 가지 보완 대책들을 제안하고 있는 것이 특징이다.

다섯 번째와 여섯 번째는 발전 분야인데, 다섯 번째 과제는 깨끗하고 안전한 에너지로 전환하기 위해 석탄발전의 단계적 감축 등 국가전원믹스를 개선해야 한다는 것이다. 이를 위해서 2045년 또는 그 이전까지 석탄발전을 0(Zero)으로 감축하며, 재생에너지 중심의 전원믹스를 구성하되 원자력과 천연가스를 보완적으로 활용하자는 것이다.

여섯 번째 과제는 전력생산 과정에서 발생하는 미세먼지와 온실가스 배출을 줄이기 위해 환경비용과 연료비 변동을 반영하는 전기요금 원칙을 세워야 한다는 것이다. 이를 위해 2030년까지 단계적으로 환경비용을 전기요금에 50% 이상 반영해야 하고, 연료비 변동을 전기요금에 반영할 수 있는 전기요금체계를 구축해야 한다는 것이다.

일곱 번째 분야와 여덟 번째 분야는 대기분야로, 일곱 번째 과제는 호흡공동체인 동북아 지역의 미세먼지와 기후변화 문제에 공동으로 대응하기 위해 '동북아 미세먼지-기후변화 공동대응 협약'을 구축하자는 것이다. 외교적인 협력은 반기문 위원장의 노력으로 많은 진전이 있었는데 이를 협약으로 구체화하자는 것이다.

여덟 번째 과제는 미세먼지와 기후변화 문제에 대한 전문적인 대응을 위해 국가 통합연구기관Think-tank을 설치하자는 것이다. 이를 위해 2050 탄소중립 달성을 위한 기후·대기 연구 전담기구와 동북아 미세먼지 연구 허브로서의 역할을 수행하게 한다는 것이다. 대표과제 8개 과제 외에 일반과제 21개가 있는데 대표과제를 해결하기 위한 디테일한 부분들을 제안했다.

정책을 제안하면서 반기문 국가기후환경회의 위원장은 "사회·경제구조에 대한 과감한 체질개선 없이는 탄소경제라는 성장의 덫에 빠져 한 발자국도 앞으로 나아갈 수 없다. 지금 당장 '패러다임의 대전환'과 '2050년 탄소중립'을 향한 첫 걸음에 동참해 지속가능한 대한민국을 함께 만들어나갈 것을 촉구한다"고 밝혔다. 이번 국가기후환경회의가 정부에 제안한 중장기 정책제안이 우리나라의 그린뉴딜과 2050탄소중립을 달성하는 데 큰 도움이 되리라 생각한다.

문재인 대통령의 2050 탄소중립과 그린뉴딜에 대해 여러 분야에서 실현가능성에 대해 의구심이 제기되었다. 이에 대통령은 국가기후환경회의의 제안을 수락하고 '2050 탄소중립위원회'를 설치해 탄소중립 사회로의 이행을 속도감 있게 추진하겠다고 발표했다. 2021년 5월에 출범한 대통령 직속 '2050 탄소중립위원회'

9장 미래는 준비하는 자의 것이다

에서는 '2050 탄소중립' 정책을 심의하고 의결하며 조율, 소통과 평가를 하는 컨트롤 타워의 역할을 하게 된다. 국가기후환경회의의 큰 성과처럼 2050탄소중립위원회에서도 2050년에는 꼭 탄소중립을 할 수 있도록 힘을 합쳐 노력했으면 좋겠다.

제레미 리프킨의 탄소중립 방향

제레미 리프킨Jeremy Rifkin은 탄소중립 사회로 가기 위해 국가가 해야 하는 일들이 무엇인가를 말한다. 그는 지금까지 거대한 경제 패러다임의 변화가 어떻게 진행되었는지 알아야 한다고 말한다. 이를 알아야 전 세계 국가들은 탄소중립으로 가기 위한 정책을 수립하고 최악의 기후변화를 막을 수 있다는 것이다.

지금까지 주요 경제 패러다임 변화가 있을 때마다 공통점이 있다. 소통(커뮤니케이션)과 운송(이동), 연료(에너지)의 대전환이 있었다는 점이다. 1차 산업혁명은 영국에서 증기엔진의 인프라를 구축했고, 신기술은 새로운 에너지원인 석탄을 만났다. 그리고 증기엔진은 철도산업 성장을 이끌면서 영국은 전 세계를 이끌어나갔다. 2차 산업혁명은 미국이 주축이 되었다. 전화기라는 새로운 커뮤니케이션 기술, 자동차 붐, 석유라는 새로운 에너지원이 부상했다. 우리는 현재 4차 산업혁명으로 넘어가는 시대에 살고 있다. 4차 산업혁명의 기반은 디지털 기술인 로보틱스, 인공지능 등에 있다. 소통은 인터넷이다. 디지털 커뮤니케이션은 디지털 전력과 결합되어 있다. 그리고 마지막 신기술은 디지털화된 운송수단으로, 신재생에너지가 운송수단의 원천이 된다는 것이다. 그는 탄소중립을 실현하고 준비를 더 잘하는 국가가 미래의 세계를 주도할 것이라고 말한다.

기후변화의 피해를 줄이는 투자 및 신기술 개발

코로나19로 충격받은 세계 각국은 경제복구만 아니라 심각한 기후변화를 해결하기 위해 그린뉴딜을 선언하고 나섰다. 그러나 국가들의 그린뉴딜로는 한계가 있다. 기업들의 탄소감축 경영이 그 무엇보다 필요한 때다.

기업들은 기후위기가 시장환경을 변화시키는 리스크로 작용할 것으로 보고 있다. 따라서 기업들은 단지 기업이미지를 제고할 뿐만 아니라 실제적으로 살아남기 위한 전략으로 탄소저감을 하겠다고 나섰다.

✛ 기업과 투자사들의
탄소저감 노력

기후변화에 관한한 전 세계에서 가장 앞선다고 알려진 기업인 마이크로소프트는 2012년에 이미 탄소중립을 달성했다고 선언했다. 여기에 더해 2050년까지 '탄소 네거티브'를 이루겠다고 발표했는데, 탄소중립 이전에 배출한 이른바 '탄소 발자국'까지 지우겠다는 것이다. 또한 세계적 기업인 애플과 구글은 10년 안에 탄소중립을 이루겠다고 선언했으며, 아마존은 2040년까지를 목표로 잡았다. 탄소저감에 가장 적대적이었던 화석연료 기업들도 탄소 저감에 동참하고 있다.

세계 2위 석유회사인 브리티시페트롤리엄[BP]은 2050년까지 탄소 순배출량을 제로로 낮추겠다고 밝히면서 이젠 사업을 친환경 분야로 전환할 것임을 시사하기도 했다. 자동차 기업인 포드와 세계 최대 항공사인 델타항공도 2030년까지 탄소 중립을 달성하겠다고 공표하면서 이들 기업들은 탄소를 줄이는 것은 물론 다른 기업들의 탄소저감도 돕겠다고 약속했다.

우리나라에서도 한화큐셀과 LG화학이 최근 국내 화학 업계 최초로 '2050년 탄소중립 성장'을 선언했다. 이들 기업이 탄소 줄이기에 나선 이유는 LG화학의 배터리와 제품들을 사가는 해외 기업들이 탄소 감축을 요구하기 때문이다. 이젠 탄소저감을 하지 않는 기업들은 생존이 어려운 시대가 오고 있다.

세계적인 자산운용사나 투자사들이 탄소저감 기업에 투자하기 시작했다. 이들은 각종 기금이나 연금으로 투자를 하는 기관투자자의 역할을 한다. 기후변화를 저지하기 위한 저탄소경제를 이루기 위해 기관투자자들은 세계적으로 필요한 신재생에너지로의 전환을 촉진하는 데 중요한 역할을 하고 있다. 기관투자자들은 저탄소 솔루션에 투자하면서 탈탄소화를 통해 상업적 수익을 얻을 수 있는 기회가 많다고 본다. 투자자 연합은 자산 소유자로서 지구에 대한 책임에 부응하고, 2050년까지 기후 중립적인 저탄소 비즈니스 관행에 기여해야 한다고 합의했다.

투자자 연합은 더 큰 영향력을 발휘하기 위해 기존 회원 외에도 추가 자산 소유자가 2050년까지 투자 포트폴리오를 탈탄소화하고 탄소제로 배출을 달성하는 데 참여할 수 있도록 문호를 개방하고 있다. 약 5,700조 원의 자산을 운용하는 세계 최대 투자사 30곳도 투자 기업들에게 5년 내 탄소배출을 16~29% 줄이라고 요구하겠다는 계획을 밝혔다. UN은 2020년 미국 최대 공공연기금인 캘리포니아공무원연금과 독일의 알리안츠, 프랑스 AXA 등 30곳을 모아 '탄소제로를 위한 투자연합'을 만들었다.

이들 기관투자자는 기후변화가 더는 먼 미래의 환경문제가 아닌 바로 지금 직면한 금융투자 위기라고 보고 있다. 탄소 국경제나 배출권 거래제로 인한 기업의 비용 부담 증가는 결국 투자자 수익 감소로 이어지게 되기 때문이다.

2020년 10월에 유럽중앙은행ECB이 기업 채권을 매입할 때 회사가 기후변화에 악영향을 끼치는지 평가하는 방안을 추진하고 있다고 밝혔다. 유럽중앙은행은 3조 4천억 유로 자산 구매 프로그램의 일환으로 9월말 기준 2,360억 유로 이상의 회사채를 보유하고 있다.

이들의 금융정책 변화로 당장 기후변화와 환경오염에 악영향을 끼치는 석유·가스·항공 업체들은 회사채 매매에 타격을 입을 것으로 보인다. 크리스틴 라가르드 유럽중앙은행 총재는 "유럽중앙은행이 2016년 회사채 매입을 시작한 이후 지금까지 '시장 중립성' 원칙을 최우선 가치로 고수해왔지만 이제는 변화가 필요하다. 즉 기후변화를 가져오는 회사채 매입은 바꾸는 것이 타당하다"고 밝혔다.

이처럼 규모가 큰 자산운용사들은 탄소관련 기업들에서 발을 빼고 있다. 7조 달러 상당의 자산을 운용하는 기업인 블랙록이 2020년 석탄을 통해 얻은 매출이 25%가 넘는 기업들의 채권과 주식을 처분한 것이 좋은 사례라고 볼 수 있다. 이처럼 우리 기업들이 해외 투자사들로부터 자금을 투자받기 위해서 가장 중요한 것이 기후변화 대응과 탄소중립인 것이다.

이런 투자사들 가운데 맥쿼리 운용도 큰 역할을 감당하고 있다. 맥쿼리 그룹 Limited 또는 맥쿼리는 오스트레일리아에 본사를 두고 있는 세계적인 금융그룹으로, 세계 최대 기반 시설 자산운용사이자 오스트레일리아 최대의 투자은행이기도 하다. 이들은 기후변화를 완화하고 그 영향에 적응하기 위한 다양한 해결방안을 진행함으로써 저탄소경제로의 전환을 지원하고 있다. 맥쿼리 운용은 2040년까지 포트폴리오 기업들의 탄소제로^{Net Zero}를 달성하겠다고 2021년 1월 22일 발표했다.

맥쿼리 그룹은 지난 10년 동안 신재생에너지 프로젝트에 약 49조 6천억 원 이상을 투자했으며 탄소중립을 기반으로 운용하고 있다. 현재 4개 대륙에 걸쳐 50GW 이상의 신재생에너지 프로젝트를 개발하고, 건설, 투자 및 운용중에 있으며 이들이 관여하는 에너지, 농업, 운송, 폐기물, 산업가스배출 및 부동산을 포함한 경제 전반에 있어서 탈탄소화 목표를 실현하도록 관련 정부 및 고객사를 지원하고 있다. 세계적인 투자사들의 기후변화를 저지하기 위한 탈탄소 투자는 오히려 석유산업 투자보다 더 많은 이익을 만들어낸다고 한다.

아쉬운 점은 우리나라 금융기관의 석탄 발전 투자 추이는 세계적 추세에 역행하고 있다는 것이다. 석탄 발전 투자 금액 총 60조 원 가운데 민간 금융기관이 63%, 공적 금융기관이 37%를 차지한다. 국내 석탄 발전 프로젝트의 경우는 민간 금융기관이 전체의 73%를 차지하며, 해외 프로젝트는 전체 금액의 92%가 공적 금융기관을 통해 지원하고 있다. 해외 석탄발전을 위한 우리나라 공적 금융기관의 투자는 '기후악당 국가'라는 불명예를 가져오기도 했다. 다행히도 2021년부터 공적 금융기관들이 해외 석탄발전에 투자하지 않겠다고 하니 불행 중 다행이라는 생각이 든다.

⊕ 탄소저감 기술개발, 왜 중요한가?

지구온난화를 해결하기 위해서는 탄소를 줄이는 기술이 매우 중요하다. 이를 위해 세계를 움직이는 기업인들이 자금을 내놓고 탄소저감 기술을 상용화할 수 있도록 하고 있다.

먼저 2020년에 아마존의 베조스 회장은 총 11조 원의 돈을 기후변화에 대응하도록 내놓았다. 2020년 9월에 기후변화기금 중 2조 2천억 원을 '기후테크 스타트업' 기업에 먼저 투자했다. 베조스 회장의 투자 대상은 스타트업 5곳으로 전기모터 기업인 턴타이드와 콘크리트 기업인 카본큐어, 전기차를 만드는 리비안과 배터리 재활용회사인 레드우드, 탄소배출 모니터링 기업인 파차마 등이었다.

이 다섯 기업들은 모두 기후테크 스타트업이라는 공통점을 갖고 있다. 기후테크란 탄소를 줄여 지구온난화 문제를 해결하려는 기술을 말한다. 예를 들어 가솔린이나 경유 차를 대체하는 전기나 수소 모빌리티 기업, 메탄 등 온실가스 배출이 많은 축산업을 대신하는 대체육 기업, 신재생에너지 등 친환경에너지 기업 등이 대표적인 기후테크 스타트업이라 할 수 있다. 5개의 기후테크스타트업 기업을 선정하는 자리에서 베조스 회장은 "탄소배출량 '0(제로)'라는 목표를 위해 기업가 정신을 발휘하는 회사들에 투자하게 되어 기쁘다"면서 지구온난화를 저지하기 위해서는 탄소제로가 무엇보다 필요하다고 말했다.

2021년에는 테슬라의 CEO인 일론 머스크가 상금 1,100억 원을 내놓으면서 탄소포집 기술을 개발하는 기업이나 사람에게 상금을 주겠다고 나섰다. 그는 2021년 4월에 1천억 원대 상금을 내건 기술 경연대회를 열기로 했다. 머스크는 "1기가 톤(10억 톤) 수준의 탄소포집 기술 시스템을 구축할 팀을 원한다"고 밝혔는데, 탄소 1기가 톤이라 하면 뉴욕 센트럴파크 공원부지 전체를 덮을 수 있는 340m 높이의 거대한 얼음 덩어리에 해당한다.

탄소포집 기술은 탄소를 줄이려는 여러 방법 중 하나인데, 석탄이나 석유를 사용하면서 발생하는 이산화탄소가 아예 공기 중으로 방출되지 못하도록 하는 기술이 대표적이다. 즉 공장에서 나오는 이산화탄소를 포집해 땅속에 주입하고 봉인하는 것인데, 오래 전부터 아이디어는 많이 나왔지만 실용화되지 못할 만큼 상당히 어려운 기술이다.

두 번째의 탄소포집 기술은 많은 나라에서 기술적으로 개발되어 실용화되기도 하는 기술로서, 이산화탄소를 잘 흡수하는 물질로 탄소를 줄이는 기술이다. 또한 미국 석유업체인 엑손모빌도 앞으로 5년간 온실가스 저감 프로젝트에 약 3조 3천억 원을 투자해 이산화탄소를 땅속에 저장하는 기술을 도입하겠다고 밝혔다.

현재 개발된 탄소를 획기적으로 줄이는 기술을 살펴보자. 미국 퍼듀대학 연구진은 이산화탄소를 2배 빨리 흡수하는 콘크리트를 만들어냈다고 발표했다. 이렇게 이산화탄소를 줄이는 것 외에 이산화탄소를 유용한 화합물로 만드는 연구도 진행되고 있다. 한국과학기술연구원KIST 오형석 박사팀은 높은 효율로 이산화탄소에서 일산화탄소를 얻을 수 있는 시스템을 개발했는데, 일산화탄소는 화학·금속·전자산업에 널리 활용되고 있는 물질이다.

한국화학연구원 황영규 박사팀은 글리세롤과 이산화탄소를 활용해 젖산과 포름산을 높은 수율로 생산할 수 있는 촉매를 개발했다. 또한 이산화탄소를 활용해 공산품을 만들기도 하는데, 한국화학연구원 조득희 박사팀은 이산화탄소를 활용해 친환경 폴리우레탄 화장품 쿠션과 건축 단열재를 만드는 데 성공했다. 한국과학기술연구원 화학과 송현준 교수, 기초과학연구원IBS 나노물질 및 화학반응 연구단, 독일 베를린 기술대 화학공학과 공동연구팀은 이산화탄소를 화학산업 분야에서 기본물질로 쓰여 '산업의 쌀'이라고 불리는 에틸렌으로 70% 이상 변환시킬 수 있는 전기화학적 나노촉매를 2019년에 개발했다.

2019년에 이스라엘의 와이즈만 연구소는 이산화탄소를 먹고 사는 GM 대장균을 개발했다. 이들은 유전자 편집을 통해 유기물을 먹고 사는 대장균의 대사 작용에 변화를 주어 이산화탄소를 먹고 사는 세균처럼 이산화탄소를 먹이로 살아갈 수 있는 GM 대장균을 개발한 것이다. 연구에 참여한 이스라엘 과학자들은 "GM 대장균을 통해 지구 생물 생태계에 변화를 주어 지구온난화의 원인인 이산화탄소 배출량을 줄일 수 있게 되어 기쁘다"라고 밝혔다.

지구온난화 원인인 이산화탄소를 활용해 연료 에너지원을 만드는 기술도 있다. 2020년 11월에 일본의 그린 사이언스 얼라이언스의 료헤이 모리 박사가 금속 산화물과 금속 복합체로 구성된 본래 촉매 물질을 이용해 물과 이산화탄소와 광 에너지로 포름산을 만드는 데 성공했다고 밝혔다. 이는 외부 전기 에너지의 도움 없이 포름산을 만들어낸 인공광합성 기술이다.

현재 개발된 기술은 아니지만 2019 TED 콘퍼런스에서 채택된 연구도 있다. 미국 솔크생물학연구소의 조앤 코리 Joanne Chory 박사는 식물 속 물질 합성을 통한 지구온난화 문제 해결을 제시해 프로젝트에 선정되었다. 코리 박사는 "지구온난화를 가속화시키는 온실가스로 잘 알려진 이산화탄소는 인간들에게 악당 취급을 받지만, 실은 식물의 광합성 과정에서 산소와 당분을 만들어내는 존재"라며 "식물의 뿌리 속에 있는 수버린이라는 물질을 잘 조정하면 뿌리를 더 깊고 튼튼하게 자라게 하고, 더 많은 이산화탄소를 흡수하게 할 수 있다"고 말했다.

이들은 이런 특성을 가진 모델 식물을 만들어낸 뒤, 옥수수나 콩·목화와 같은 주요 작물들로 그 대상을 확대할 계획이다. 이런 '슈퍼스타급' 식물이 전 세계 농장으로 퍼져 나간다면, 매년 최대 46%의 이산화탄소를 더 줄일 수 있게 될 것이라고 전망한다. 다만 개발된 기술들이 빨리빨리 저가로 상용화되어 일상생활에서 많이 활용되었으면 좋겠다.

이제는
행동해야만 한다

2015년의 파리협약에서는 지구 평균기온 상승을 2℃ 이내에서 멈추게 해야 한다고 했다. 그러나 2018년 IPCC회의에서 지구 온도 2℃ 상승은 생각보다 훨씬 더 위험하니 1.5℃ 상승을 목표로 삼아야 한다고 결정했다. 1.5℃ 기온 상승에도 재난피해는 엄청날 것으로 예상했다. 따라서 전 세계 모든 나라가 합심해서 탄소를 전쟁에 준하는 비상시국처럼 줄여나가야 한다.

그러나 안타깝게도 많은 나라들이 자기 나라의 이익을 위해 국제적인 약속을 지키지 않는다. 이래서는 안 된다. 강력하게 탄소를 줄이도록 정치인들에게 압력을 가해 친환경정책으로 유도해야 한다.

이렇게 생각하고 행동하는 젊은이들이 나타나 정치인들에게 강력하게 요구하기 시작했다. 2018년 한 소녀의 외침이 그 시작이었다.

⊕ 기후변화 대응과 환경보호를 외치는 십대 소녀 툰베리

16세 어린 소녀가 있었다. 기후변화 대응과 환경보호를 외치는 그 소녀는 전 세계 Z세대를 중심으로 여론을 주도한다. 그녀는 노벨 평화상 최연소 후보로 추천되었고, 2019년 다보스포럼에 참석한 데 이어 유엔기후정상회의에서도 연설했다. 교황과 유엔 사무총장, 미국 대통령도 만난 소녀는 차세대 리더로 〈타임〉 지 표지에도 나왔다. 팔로워만 200만 명에 육박하는 인플루언서로, 시위 사진 한 장을 인스타그램에 올려도 수십 만 건의 댓글이 달린다. 그녀의 이름은 툰베리이다.

그렇다면 툰베리는 언제부터 기후변화를 고민하기 시작했을까? 초등학교 시절 선생님이 학생들에게 전등을 잘 끄고 물과 종이를 절약하라고 말했다. 그러자 툰베리는 "왜 그래야 하느냐"고 질문했고, 선생님은 "기후변화를 막기 위한 행동"이라고 말했다. 이 말을 툰베리는 믿지 않았다. 왜냐하면 기후를 변화시키고 문명을 위협하는 일이라면 많은 사람들이 기후변화를 이야기해야 하는데 주변의 그 누구도 관심이 없었기 때문이다. 의문을 가진 툰베리는 기후변화에 대해 공부한다. 그런데 공부하면 할수록 기후변화에 대한 정답이 없다는 사실을 깨닫고 절망에 빠진다.

2018년 여름 스웨덴은 262년 만에 몰아닥친 폭염으로 열파와 산불이 나라 곳곳을 덮쳤다. 이에 기후변화를 막기 위해 무언가 해야 한다고 생각한 툰베리는 스웨덴 국회의사당 앞에서 '이대로 가면 내 미래는 없다. 내 미래를 보호해달라'면서 1인 시위를 시작한다. 스웨덴은 기후변화 대응의 모범국가로, 2045년까지 탄소중립을 목표로 하는 세계에서 가장 강력한 기후변화 관련 법안을 제정한 나라이다. 그럼에도 툰베리는 이 모든 것이 너무 늦기에 더 빨라져야 한다고 말한다.

툰베리가 학교를 빠지고 기후변화 대응을 촉구하는 1인 시위를 하는 것을 본 다른 학생들도 우리도 살아야 한다면서 툰베리의 행동에 동참하게 된다. 혼자 시위를 시작했지만 바로 2만 명이 넘는 학생들이 함께하기 시작했다.

툰베리는 말한다. "내 시위의 가장 좋은 점은 점점 더 많은 사람들이 다가와 참여하고 있는지를 볼 수 있다는 것이에요. 학교에서 징계를 받아도 상관없습니다. 나는 한 사람이 변화를 가져올 수 있다고 믿습니다." 그녀의 생각이 전 세계 260개국의 학생들에게 영감을 주었고, 그들이 등교거부행동에 동참하면서 기성세대들에게 기후변화 대응을 촉구했다. 툰베리가 여러 회의에서 한 말을 소개한다.

2019년 3월 15일 열린 전 세계적인 등교거부운동에서 툰베리는 전 세계 국가 대표들에게 이렇게 말했다. "우리는 세계 지도자들에게 관심을 구걸하기 위해 여기 오지 않았어요. 당신들은 과거에도 우리를 무시했고 또 무시할 겁니다. 당신에게 변화가 올 것이라고 알려주기 위해 여기에 왔습니다. 진정한 힘은 사람들에게 있습니다."

2019년 4월 이탈리아 로마에서는 2만 5천 명의 청소년들이 툰베리의 시위에 동참했다. 이때 툰베리는 "우리가 거리로 나온 것은 정치인들이 우리와 함께 사진을 찍거나, 우리가 펼치고 있는 일을 정말 존경한다는 따위의 말을 듣기 위한 것이 아니다. 지난 6개월 동안 이탈리아를 포함한 세계 각지에서 수백만 명의 어린 학생들이 기후변화에 대한 대책 마련을 촉구하며 학교 대신 거리로 나섰지만 아무것도 변한 것이 없다. 현재까지 어떤 정치적인 변화도 가시화되지 않았다"라면서 기후변화 대응에 소극적인 정치권에 직격탄을 날렸다.

2019년 9월 개최된 유엔기후정상회의의 연설에서 툰베리는 "이건 아니라고 생각합니다. 제가 이 위에 올라와 있으면 안 돼요. 사람들이 고통 받고 있습니다. 죽어가고 있어요. 생태계 전체가 무너져 내리고 있습니다. 어떻게 감히 여러분은 지금까지 살아온 방식을 하나도 바꾸지 않고 몇몇 기술적인 해결책만으로 이 문제를 풀어나갈 수 있는 척할 수 있습니까? 모든 미래 세대의 눈이 여러분을 향해 있습니다. 여러분이 좋아하든 아니든 변화는 다가오고

9장 미래는 준비하는 자의 것이다

있습니다"라고 하면서 세계 국가정상들에게 기후변화 대응을 눈물로 호소했다.

2019년 12월 열린 유엔기후변화협약 당사국총회COP24에서 툰베리는 "당신들은 당신의 자녀를 그 무엇보다 사랑한다고 하지만 실은 그 아이들의 눈앞에 있는 미래를 빼앗고 있습니다. 2078년이면 나는 75번째 생일을 축하하고 있을지도 모릅니다. 자녀들이 있다면 내게 물을 거예요. 왜 아직 행동할 시간이 있었을 때 아무것도 하지 않았느냐고"라고 말하면서 109개국 대표들에게 기후변화를 가져올 행동을 촉구했다.

툰베리가 만든 변화는 눈앞에 닥친 기후변화 증거를 앞세워 적극적으로 일상 속 변화를 일으키고자 행동하는 Z세대들의 요구이다. 이들은 어려서부터 스마트폰을 손에 쥐고 소셜네트워크서비스SNS가 일상이 된 사람들로, 국적에 상관없이 엄청난 동조세력을 모으고 압력을 행사하는 집단으로 바뀌고 있다.

이른바 '착한 소비'가 기업을, 산업을, 세상을 바꾸고 있다. 이런 깐깐한 착한 소비자가 늘수록 기업들은 탄소를 줄이는 경영전략을 택할 수밖에 없고, 정치인들도 젊은 세대의 표를 얻기 위해 기후변화에 적극적으로 변할 수밖에 없다. 이런 것들이 모이면 미래 기후변화의 위험을 줄일 수가 있다. 내가 먼저 기후변화 대응과 환경보호에 나서야만 한다.

⊕ 젊은 세대들이
기후변화 대응에 나섰다

지금의 젊은 세대가 강조하는 의제는 기성세대와는 다르다. 이들이 가지는 정치적 관심은 환경이나 기후변화 등 지속 가능한 미래와 관련된 것들이 더 크다. 또한 행동하는 젊은 세대의 특징은 남성이 아닌 여성이 정치의 중심에 나섰다는 것이다. 툰베리처럼 기후 파업 시위의 전면에 나선 이들도 주로 여학생들이다. 그리고 이들은 정치인들에게 기후변화 대응과 환경보호에 적극적일 것을 요구한다.

이 시대의 젊은 세대는 '새로운 세대'의 등장이라고 할 수 있다. 이들은 넷플릭스나 유튜브 등 영상 기반 온라인 사이트를 통해 정보를 접하고, 정보를 생산해 정치적 영향력을 직접 행사한다. 예를 들어보자. 독일의 한 유튜버가 선거에서 기후변화에 미온적인 정당을 찍지 말자는 영상을 올렸다. 과학적인 분석과 냉철한 비판이 들어 있는 이 영상은 2019년 5월 23일 유럽의회 선거가 시작되기 전까지 조회 수 1천만 회 이상을 기록했다. 이런 새로운 세대의 등장은 정치권의 대변동을 가져왔다. 유럽의회 선거에서 녹색당은 20.5%를 득표해 기사당(기독사회당)·기민당 연합(28.9%)에 이어 2위로 올라서며 돌풍을 일으킨 것이다.

이들은 힘을 합쳐 정치를 바꾸도록 압력을 가하기 시작했다. 툰베리의 등교거부운동은 SNS에 #Fridays for Future라는 해시태

9장 미래는 준비하는 자의 것이다

그가 달리며 유럽으로 퍼져 나갔고, '미래를 위한 금요일Fridays for Future'이라는 운동단체도 만들어졌다. 스웨덴, 독일, 영국, 스페인 등의 청소년들은 금요일마다 학교에 가지 않고 거리로 나와 시위를 하기 시작했다.

'미래를 위한 금요일'은 비영리기구로 2019년에 전 세계 25개국에 지부를 가지고 있고, 홈페이지에선 개인과 단체의 시위참여를 접수받는다. 이들은 2019년 3월에 스웨덴뿐 아니라 독일, 영국, 스페인 등 유럽과 인도 등 아시아까지 총 161개국에서 이 시위에 참여했고, 3월 15일엔 전 세계 2,379개 도시에서 188만여 명이 동참했다고 주장한다. 한국에서도 매주 2~8명이 이 시위에 참여했다.

이들이 시위에 참여하는 이유는 기후변화에 무책임한 어른들로 인해 자기들의 미래가 불투명해졌기 때문이라고 한다. 청소년들은 다른 문제보다 기후변화 문제를 중요하게 여긴다. 세계경제포럼이 2017년 전 세계 18~35세를 대상으로 한 설문조사에서 전체 응답자 중 48.8%가 기후변화와 자연파괴를 가장 심각한 글로벌 이슈라고 생각한다고 답한 것을 보면 잘 알 수 있다.

스웨덴, 영국에서 벌어지는 등교거부운동에 독일도 적극적으로 참여하고 있다. 2019년 6월에는 노르트라인베스트팔렌주의 도시 아헨에서 국제적인 시위가 열려 16개국의 청소년과 청년 약 1만 명이 참여했다. 그리고 9월의 등교거부운동에서는 전 세계 161개국 188만여 명이 금요시위에 동참했다. 이들은 각국 정부에 기후변화 대책을 요구하며 '기후(변화)는 지금, 학교숙제는 나중에', '기후를 바꾸지 말고 시스템을 바꿔라', '어른들이 어린애처럼 군다면 애들이 나서야 한다'라고 적힌 팻말을 들었다.

우리나라에서도 청소년단체 '청소년기후소송단'을 주축으로 한 청소년 100여 명이 2019년 3월에 서울 광화문 세종문화회관 앞에서 '524 청소년 기후 행동' 집회를 열었다.

이들은 "우리나라는 세계에서 네 번째로 온실가스를 많이 배출하는 '기후악당 국가'로, 이산화탄소 배출 증가율은 OECD 가입국 중 1위이다. 기후변화는 미래와 직결된 문제이지만 입시 중심의 피라미드 경쟁 사회에서 교육을 받는 청소년들에겐 기후변화, 환경은 수능에 도움되지 않는 과목으로 여겨진다. 청소년들이 기후변화와 환경문제를 직시하고, 보다 지속 가능하며 안전한 미래를 만들어갈 수 있게 돕는 교육이 필요하다. 체계적인 환경 교육을 도입해달라"고 외쳤다.

"중상을 입은 환자를 생각해보십시오. 관심과 돌봄도 물론 중요하지만, 진정으로 환자의 운명을 결정짓는 것은 과연 무엇일까요? 바로 치료받을 수만 있다면 살아날 수 있는 짧지만 귀중한 시간, '골든타임'입니다. IPCC는 2018년에 발표했습니다. '기후변화를 막으려면 12년 안에 전례 없는 대규모의 변화를 일으켜야 한다'라고요. 하지만 거대하고 대단한 변화는 일어나지 않았습니다. 우리에게 남아 있는 골든타임은 10년입니다. 이제 행동해야 합니다." 2019년 11월 4일 롯데호텔에서 열린 국제포럼에서 우

9장 미래는 준비하는 자의 것이다

리의 어린 청소년들은 이렇게 외쳤다.

툰베리는 문재인 대통령에게 이젠 말만 하지 말고 행동해야 한다고 말했다. 그렇다. 우리가 행동하지 않으면 우리의 미래는 없다. 어른들에게, 정치인들에게 기후변화를 막아달라고 강력히 요구해야 한다. 그리고 툰베리처럼 우리의 일상에서 탄소저감과 환경보호를 실천해나가야 한다.

마지막으로 미국의 부통령이었던 엘 고어가 강조한 '우리가 행동해야 할 것'을 소개하겠다.

"고효율 가전 제품과 전구를 사용하라. 단열재를 사용하고, 냉난방 기구의 온도계를 조절하라. 하이브리드 카를 사고, 웬만하면 걷거나 자전거를 타며, 가급적 대중교통 수단을 이용하라. 재활용 에너지를 사용하고, 정부에게 그린에너지 사용을 촉구하라. 나무를 심어라. 많이. 환경 문제를 주변에 알리고 CO_2 방출량 규제를 촉구하라. 온난화 방지 운동에 동참하라. 수입 석유 의존도를 줄이고, 대체 연료를 애용하라. 연비 기준 강화와 배기가스 규제를 촉구하라. 부모님께 건강한 지구를 물려달라고 부탁하라. 당신이 부모라면 환경운동에 동참하라. 그리고 환경을 지키는 정치인에게 투표하라." (영화 〈불편한 진실〉 중에서)

지구를 위한 K-POP의 놀라운 힘

2021년 2월 3일 미국 로이터통신은 '지구를 위한 K-POP : K팝 팬들이 기후행동으로 지구 지키기에 나섰다'는 기사를 실었다. K-POP 팬덤이 재난 피해자를 위한 성금 모금을 한 사례와 함께 팬덤들이 돈을 모아 숲을 조성한 사례들을 소개하며, "전 세계의 K-POP 팬들이 기후변화에 맞서 싸우는 기후위기 대응 세력으로 부상했다"고 격찬했다.

그룹 EXO(엑소)의 인도네시아 팬인 누를 사리 파(Sarifah)는 '지구를 구하는 K-POP(Kpop4Planet)'이라는 캠페인을 SNS를 통해 주도하고 있는데, 사리파는 "K-POP 팬은 대부분 밀레니얼 세대이자 Z세대"라며 우리의 우상인 K-POP 스타들이 했던 것처럼 선한 행동을 함으로써 현재의 위기를 바꿀 수 있고, 살기 좋은 행성에서 K-POP을 즐길 수 있다"고 말한다.

방탄소년단(BTS)의 팬클럽 아미는 지난 몇 년 동안 한국뿐 아니라 필리핀을 비롯한 해외까지 멤버들의 이름으로 수만 그루의 나무를 심었다. 또한 홍수를 입은 인도 지역 사회를 위한 구호 기금을 마련했다. 인도네시아에서 발생한 강력한 지진으로 80여 명이 사망하고 이주민만 3만 명 이상이 발생한 참사가 발생했을 때, 인도네시아에 있는 K-POP 팬들이 이주민을 위해 순식간에 10만 달러를 모금하기도 했다.

그룹 슈퍼주니어 팬클럽인 엘프 인도네시아는 #SavePapuan Forest 라는 해시태그를 공유하며 파푸아의 급속한 삼림 벌채를 반대하는 온라인 캠페인 활성화에 일조했다. 걸그룹 블랙핑크의 팬덤 블링크 역시 기후위기에 대응하는 팬덤 중 하나다. 블랙핑크의 유튜브 구독자 수는 5,690만 명으로 전 세계 여성 아티스트 중 1위다.

왜 K-POP의 팬덤들이 기후변화에 적극적으로 대응하는 것일까? 기후위기는 MZ세대에게 직격탄이고 반드시 극복해야 할 문제이기에 위기에 대응하는 엄청난 시너지가 만들어진 것이다.

참고자료

- 권세중 외, 『2030 에코리포트』, 도요새, 2017.
- 기상청, 국립재난안전연구원, 『한반도 폭염일수 변화에 관한 연구』, 2017.
- 기상청, 『한국 기후변화 평가보고서 2020』, 2020.
- 기상청, 『한반도 기후변화 전망보고서 2020』, 2021.
- 김옥진 등, 『미세먼지 장기 노출과 사망』, 서울대학교 보건대학원, 2018.
- 김범영, '지구의 대기와 기후변화', 학진북스, 2014.
- 명준표, '미세먼지와 건강 장애', 가톨릭대학교 의과대학, 2015.
- 미국심장협회(AHA), '동맥경화증, 혈전증, 혈관 생물학 저널' 미국심장협회, 2017.
- 박영숙 외, 『세계미래보고서 2020』, 비즈니스북스, 2019.
- 배현주, '서울시 미세먼지(PM10)와 초미세먼지(PM2.5)의 단기노출로 인한 사망영향', 한국, 2018.
- 세계자연기금, 『지구생명2020보고서』, WWF, 2020.
- 안영인, 『시그널, 기후의 경고』, 엔자임헬스, 2017.
- 윌리엄 F. 러디먼, 『인류는 어떻게 기후에 영향을 미치게 되었는가』, 에코리브르, 2017.
- 이유진, '기후변화 이야기', 살림, 2010.
- 이철환, 『뜨거운 지구를 살리자』, 나무발전소, 2016.
- 이혜성, 김용진, 『우리나라 미세플라스틱의 발생잠재량 추정 -1차 배출원 중심으로-』, 한국해양학회, 2017.
- 인천대학교산학협력단, 『기후변화와 꿀벌집단 이상현상에 미치는 요인분석 및 적응 대책'(Analysis of factors affecting colony disorders of honeybees caused by climate change and adaptative measures)』, 농촌진흥청, 2017.
- 임태훈, 『소방귀에 세금을? 지구온난화를 둘러싼 여러 이야기』, 탐, 2013.

- 인흥진, *High-Performance, Recyclable Ultrafiltration Membranes from P4VP-Assisted Dispersion of Flame-Resistive Boron Nitride Nanotubes,* Journal of Membrane Science, 2018.

- 질병관리본부, *Developing Prevention System of Overseas Infectious Disease Based on MERS and Zika Virus Outbreak,* 2016.

- 한국기상학회, '대기과학개론', 시그마프레스, 2006.

- 해양수산부, 『2016년 연근해에서 생산된 어획량』, 해양수산부, 2017.

- 환경부, 『바로 알면 보인다. 미세먼지, 도대체 뭘까?』, 2016.

- Ackerman, *Meteorology,* ThomsonLearning , 2006.

- Alan J. Jamieson, Tamas Malkocs 외 3명, *Bioaccumulation of persistent organic pollutants in the deepest ocean fauna,* Nautre ecology & evolution, 2017.

- Ann H Opel, Colleen M Cavanaugh 외 2명, *The effect of coral restoration on Caribbean reef fish communities,* Marine Biology, 2017.

- A. Ganopolski, R. Winkelmann and H. J. Schellnhuber, *Critical insolation–CO2 relation for diagnosing past and future glacial inception,* Nature, 2016.

- Camilo Mora, Bénédicte Dousset 외 18명, *Global risk of deadly heat,* Nature Climate Change, 2017.

- C. Donald Ahrens, *Essentials of Meteorology,* CengageLearning, 2008.

- Celine Le Bohec 외 9명, *Climate-driven range shifts of the king penguin in a fragmented ecosystem,* Nature Climate Change, 2018.

- Christopher Nicolai Roterman 외 5명, *A new yeti crab phylogeny: Vent origins with indications of regional extinction in the East Pacific,* PLoS ONE, 2018.

- Cotton, *Human Impacts on Weather and Climate,* CambridgeUnivPr, 2007.

- Daniel Obrist, Yannick Agnan 외 7명, *Tundra uptake of atmospheric elemental mercury drives Arctic mercury pollution,* Nature, 2017.

- David Archer, Michael Eby 외 9명, *Atmospheric Lifetime of Fossil Fuel Carbon Dioxide,* The University of Chicago, 2009.

- Dirga Kumar Lamichhane, Jia Ryu, Jong-Han Leem et al. *Air pollution exposure during pregnancy and ultrasound and birth measures of fetal growth: A prospective cohort study in Korea,* Science of The Total Environment, 2018.

- Dries S. Martens, Bianca Cox, Bram G. Janssen, *Prenatal Air Pollution and Newborns' Predisposition to Accelerated Biological Aging,* JAMA, 2017.

- ECMWF, *Progress towards using visible light satellite data in weather prediction,* ECMWF, May 2020.

- EPA, *State Of The Climate In 2017,* United States Environmental Protection Agency, 2018.

- Erin Christine Pettit 외 4명, *Shad O'Neel.Unusually Loud Ambient Noise in Tidewate Glacier Fjords: A Signal of Ice Melt.* Geophysical Research Letters, DOI:10.1002/2014GL062950, 2015.

- Esprit Smith, *Climate Change May Lead to Bigger Atmospheric Rivers,* NASA, 2018.

- FAO, *Assessing El Niño's impact on fisheries and aquaculture around the world,* FAO, APR 2020.

- FAO, *Desert Locust upsurge continues to threaten food security in Horn of Africa and Yemen despite intense efforts,* FAO, Dec 2020.

- FAO, *FAO continues to fight Desert Locust upsurge in East Africa and Yemen despite COVID-19 constraints,* FAO, APR 2020.

- FAO, *FAO Director-General calls for new approach to stop soil loss on World Day to Combat Desertification and Drought 2020,* FAO, June 2020.

- FAO, *Time to scale up and support Africa's Great Green Wall,* FAO, June 2020.

- FAO, *UN fast tracks $10 million loan to help scale up FAO action to fight Desert Locusts,* FAO Mar 2020.

- NASA, *Emissions Could Add 15 Inches to 2100 Sea Level Rise, NASA-Led Study Finds,* NASA, Sep 2020.

- NASA, *Large, Deep Antarctic Ozone Hole Persisting into November,* NASA, Oct. 2020.

- NASA, *NASA Selects New Instrument to Continue Key Climate Record,* NASA, Feb. 2020.

- NASA, *The Climate Events of 2020 Show How Excess Heat is Expressed on Earth,* NASA, Jan 2021.

- NASA, *Warming Seas Are Accelerating Greenland's Glacier Retreat,* NASA, Jan 2021.

- NATURE, *Mature forest shows little increase in carbon uptake in a CO2-enriched atmosphere,* NATURE, APR 2020.

- NOAA, *2020 Atlantic Hurricane Season takes infamous top spot for busiest on record,*

- NOAA, Nov 2020.

- NOAA, *2020 was Earth's 2nd-hottest year, just behind 2016,* NOAA, Jan 2021.

- NOAA, *Arctic sea ice minimum is 2nd lowest on record,* NOAA, Sep 2020.

- NOAA, *February 2020 ENSO update: mind reading,* NOAA, 2020, 2.

- NOAA. *Record number of billion-dollar disasters struck U.S. in 2020,* NOAA, Jan 2021.

- NOAA, *Understanding the Arctic polar vortex,* NOAA, Mar 2021.

- The Lancet, *Floods in China, COVID-19, and climate change,* The Lancet, Aug 2020.

- UN, *UN report: As the world's forests continue to shrink, urgent action is needed to safeguard their biodiversity,* UN, May 2020.

- WHO, *Pollution Pods at COP25 show climate change and air pollution are two sides of the same coin,* WHO, 2019,12.

- WMO, *2020 closes a decade of exceptional heat,* WMO, Dec 2020.

- WMO, *Advancements in risk early warning systems recognized,* WMO, May 2020.

- WMO, *Arctic Climate Forum expects above normal winter temperatures,* WMO, Nov 2020.

- WMO, *2020 Antarctic ozone hole is large and deep,* WMO, Oct 2020.

- WMO, *Arctic Climate Forum expects above normal temperatures,* WMO, June 2020.

- WMO, *Arctic ozone depletion reached record level,* WMO, May 2020.

- WMO, *ASEAN issues forecast for summer monsoon season,* WMO, June 2020.

- WMO, *Digital Dialogues focus on Big Data and the Global Goals,* WMO, Feb 2020.

- WMO, *Earth Day highlights Climate Action,* WMO, April 2020.

- WMO, *Extreme weather hits USA, Europe,* WMO, Feb 2021.

- WMO, *Prolonged Siberian heat "almost impossible without climate change,* WMO, July 2020.

- WMO, *New record for Antarctic continent reported,* WMO, 2020, 2.

- WMO, *Northern hemisphere summer marked by heat and fires,* WMO, Sep 2020.

- WMO, *Record CO2 levels and temperatures highlight need for action on World Environment Day,* WMO, June 2020.

- WMO, *Siberia: heat, fire and melting ice,* WMO, July 2020.

- WMO, *State of the Climate report released by UN and WMO chiefs,* WMO, Mar 2020.

- WMO, *Water and climate coalition takes shape,* WMO, July 2020.

- WMO, *WMO will verify temperature of 54.4°C in California, USA,* WMO, Aug 2020.

■ 독자 여러분의 소중한 원고를 기다립니다

메이트북스는 독자 여러분의 소중한 원고를 기다리고 있습니다. 집필을 끝냈거나 집필중인 원고가 있으신 분은 khg0109@hanmail.net으로 원고의 간단한 기획의도와 개요, 연락처 등과 함께 보내주시면 최대한 빨리 검토한 후에 연락드리겠습니다. 머뭇거리지 마시고 언제라도 메이트북스의 문을 두드리시면 반갑게 맞이하겠습니다.

■ 메이트북스 SNS는 보물창고입니다

메이트북스 유튜브 bit.ly/2qXrcUb

활발하게 업로드되는 저자의 인터뷰, 책 소개 동영상을 통해 책에서는 접할 수 없었던 입체적인 정보들을 경험하실 수 있습니다.

메이트북스 블로그 blog.naver.com/1n1media

1분 전문가 칼럼, 화제의 책, 화제의 동영상 등 독자 여러분을 위해 다양한 콘텐츠를 매일 올리고 있습니다.

메이트북스 네이버 포스트 post.naver.com/1n1media

도서 내용을 재구성해 만든 블로그형, 카드뉴스형 포스트를 통해 유익하고 통찰력 있는 정보들을 경험하실 수 있습니다.

STEP 1. 네이버 검색창 옆의 카메라 모양 아이콘을 누르세요.   STEP 2. 스마트렌즈를 통해 각 QR코드를 스캔하시면 됩니다.
STEP 3. 팝업창을 누르시면 메이트북스의 SNS가 나옵니다.